社区（老年）教育系列丛书

老年智慧科技生活

主编 范颖 管磊

郑州大学出版社

图书在版编目(CIP)数据

老年智慧科技生活 / 范颖,管磊主编. —郑州:郑州大学出版社,2022.6

(社区(老年)教育系列丛书)

ISBN 978-7-5645-8712-3

Ⅰ.①老… Ⅱ.①范… ②管… Ⅲ.①移动电话机-中老年读物 Ⅳ.①TN929.53-49

中国版本图书馆 CIP 数据核字(2022)第 086927 号

老年智慧科技生活
LAONIAN ZHIHUI KEJI SHENGHUO

选题策划	孙保营 宋妍妍	封面设计	耀东设计
责任编辑	孙 泓	版式设计	陈 青
责任校对	樊建伶	责任监制	凌 青 李瑞卿
出版发行	郑州大学出版社	地 址	郑州市大学路40号(450052)
出 版 人	孙保营	网 址	http://www.zzup.cn
经 销	全国新华书店	发行电话	0371-66966070
印 制	河南美图印刷有限公司		
开 本	787 mm×1 092 mm 1/16		
印 张	17	字 数	198千字
版 次	2022年6月第1版	印 次	2022年6月第1次印刷
书 号	ISBN 978-7-5645-8712-3	定 价	59.00元

本书如有印装质量问题,请与本社调换

社区(老年)教育系列丛书

编写委员会

主　　任　　赵继红　孙　斌
副 主 任　　杨松璋　秦剑臣
委　　员　　王　凯　成光琳　周小川
　　　　　　江月剑　梁　才　张海定

《老年智慧科技生活》
作者名单

主　　编　范　颖　管　磊

副主编　　申新静

编　　委　（按姓氏笔画排序）

　　　　　王　宇　张贝贝　焦方方

前言

随着人口老龄化趋势的发展,老年人的养老问题得到了越来越多的关注。发达国家凭借着强劲的经济实力和科学技术的优势,其医疗和健康事业也在不断跟进。特别是随着电子和信息技术的飞速发展,发达国家已经率先探索利用信息技术助力传统养老,相继提出了"智慧城市""智能养老""智慧养老"等概念。发达国家的智慧养老市场化运作特征明显,商业化程度高。通过分析老年人对养老服务的需求,不断优化用户体验和应用新的技术,从而开发出更新更好的智慧养老服务产品。

与此同时,中国也已经进入人口老龄化快速发展阶段。总体上看,养老服务和产品供给不足、社会养老服务资源供给结构性失衡问题也日益凸显。如何调节人口老龄化和信息技术的飞快发展,使老年人不与社会脱节,亦成为急需解决的社会问题。

老年教育是终身教育的最后一个环节。许多老年人非常渴望学习新知识,迫切需要掌握信息技术,使用电脑和网络的知识及其应用。信息技术架起了一个无限开放的平台,创造了不受地域和时空限制的学习方式,而终身教育将会通过网络把触角伸进家庭。我们要让信息技术走进老年人的生活,提高老年人生活的科技含量,使老年人真正享受到现代化生活的乐趣。

本书从智能手机的基本操作开始讲解，逐步过渡到微信等大量热门且实用的应用程序在生活与社交中的应用，内容基本涵盖了智能手机使用的方方面面，通过培养老年人使用智能手机的能力，可以减少现今高科技的社会对老年人生活造成的不便，增加其社会参与感。

本书秉持"教育即生活"的理念，以问题为导向的教学方法，将"以实际需求为导向，以学、乐、康为目标"的教学理念贯彻到课程教学的实践中，通过大量来自生活实际需求的案例，依据老年人对知识的认知规律，按照由基础到综合、由浅到深的顺序重构教学内容。让老年群体素质在解决问题的过程中得到全面提高。本书对每个操作均以"一步一图"的方式进行讲解，直观的图片演示和详尽的操作指导，让老年朋友一看就能明白，学习体验更加轻松、高效。

由于编写人员水平有限，书中难免存在错误和不妥之处，敬请广大读者批评指正。

编　者

2022 年 1 月

目 录

第一章 走近智能手机 / 1

第一节 手机基本设置要掌握 / 1
一、合理设置手机密码 / 3
二、导入旧手机数据 / 7
三、手机快速上网 / 8

第二节 如何安装应用程序 / 10
一、下载程序,应用商店更安全 / 11
二、多种途径安装应用程序 / 13

第二章 常用工具与安全防范 / 15

第一节 实用生活小助手 / 15
一、时钟——多功能集于一身的时间管家 / 15
二、日历——随身带个万年历 / 19
三、便签——好记性不如烂笔头 / 22
四、录音机——记录生活重要时刻 / 24
五、天气——时刻知冷暖 / 25

第二节　安全防范不可少　/28

一、腾讯手机管家——动态守护手机安全　/28

二、360手机卫士——全方位手机安全管理服务　/33

三、国家反诈中心APP——时刻提升防范意识　/39

第三章　社交与娱乐　/50

第一节　即时通信快又省　/50

一、微信——随时随地，便捷交流　/51

二、QQ——每一天，乐在沟通　/82

第二节　视听盛宴尽情享　/108

一、今日头条——懂你的信息平台　/108

二、QQ音乐——畅享听觉盛宴　/113

三、腾讯视频——把视频装进口袋　/118

四、喜马拉雅——换个方式读书　/121

第三节　休闲娱乐悦身心　/126

一、欢乐麻将——在线棋牌欢乐无限　/126

二、全民K歌——唱出自己的风采　/129

第四章　安全出行与移动支付　/138

第一节　为您的出行保驾护航　/138

一、高德地图——出门哪儿都熟　/138

二、百度地图——让出行更智能更简单　/151

三、携程旅行——用携程，出门无忧　/160

四、去哪儿旅行——低价轻松出行　/167

五、有道翻译官——出国旅行的好帮手　/176

第二节　移动支付——方便又快捷　179

一、"微信"支付　/180

二、"支付宝"支付　/182

三、"云闪付"支付　/184

第五章　手机拍照　/185

第一节　手机拍照——留住美好瞬间　/185

一、如何使用手机相机　/187

二、查看相册　/189

第二节　如何使用证件照　/190

一、支付宝证件照　/190

二、最美证件照　191

第三节　美颜相机——想得美，拍得更美　/195

一、一键美颜　/196

二、美颜相机使用技巧　/197

第四节　抖音——记录美好生活　/198

一、抖音短视频合拍　/200

二、观看喜欢的视频：点赞、收藏、评论　/201

第六章　工作、美食与购物　/202

第一节　足不出户远程工作　/202

一、腾讯会议——随时随地即时通讯　/202

二、钉钉——工作开会两不误　/205

第二节　美食就在身边　/206

一、美团——一起更好　/206

二、饿了么——让食物主动送上门　/208

三、菜谱大全——自己动手，健康又美味　/210

第三节　享受购物的乐趣　/212

一、淘宝——万千好物，淘不停　/212

二、京东——多快好省，只为品质生活　/216

三、大麦网——去现场，为所爱　/219

第七章　学习与教育　/221

第一节　活到老学到老　/222

一、网易公开课——国内外名校公开课免费学　/222

二、学习通——知识传播与管理　/231

三、网上老年大学——随时随地，想学就学　/241

第二节　辅导孙辈好帮手　/253

一、纸条——看就能用的作文素材　/253

二、知乎——有问题就有答案　/257

第一章　走近智能手机

李爷爷和王奶奶是郑州某社区的退休工人,育有两子两女。两个女儿都嫁到了外地,平时二老与女儿家联系都是通过打电话。前几天李爷爷和大女儿电话中说到邻居张爷爷最近换了智能手机,问大女儿智能手机是否好用。今天老两口便收到了大女儿网购来的两部智能手机,开心得合不拢嘴。碰巧上大学的孙子李晓刚在爷爷奶奶家过暑假,便喊晓刚赶紧过来。

李爷爷:"晓刚,快过来。你大姑给我和你奶奶买了两部智能手机,让我们也跟上时代步伐,赶快给我们说说怎么用。"

李晓刚:"哈哈,爷爷奶奶,智能手机一学就会,让我为你们细细道来。"

第一节　手机基本设置要掌握

智能手机是掌上电脑演变而来的,可以随意安装和卸载应用软件。从广义上说,智能手机除了具备通话功能外,还具备了掌上电脑的大部分功能,特别是个人信息管理以及基于无线数据通信的浏览器、GPS和电子邮件功能。智能手机为用户提供了足够的屏幕尺寸和带宽，既方便随身携带，缩短了人与人之间的距离，又为软件运行和内容服务提供了广阔的舞台，很多增值业务可以就此展开，如：股票、新闻、天气、交通、商品、应用程序下载、音乐图片下载，等等。结合5G通信网络的支持，智能手机势必将发展成为一个功能强大，集通话、短信、网络接入、影视娱乐为一体的综合性手持终端设备。

操作系统是计算机系统的核心控制软件，是计算机用户和计算机硬件之间的接口程序模块，其功能是管理和控制计算机硬件与软件资源。智能手机操作系统是在嵌入式操作系统基础之上发展而来的专门为手机设计的系统，为用户使用手机提供统一的接口和友好的交互界面，也为手机功能的扩展、第三方软件的安装与运行提供平台。比较流行的智能手机操作系统主要有安卓（Android）、苹果（iOS）、微软（Windows Phone）、黑莓（Blackberry）、塞班（Symbian）、鸿蒙（Harmony）等。安卓系统是由谷歌独家推出的智能操作系统。因为采用开放源代码（开源）的形式推出，所以世界手机生产商大多采用安卓系统生产智能手机，再加上安卓在性能和其他各个方面也非常优秀，使安卓系统一举成为全球第一大智能操作系统。中国和亚洲部分手机生产商，在安卓系统上进行二次研发，以自己的品牌推出操作系统。下面我们主要以市场占比较高的安卓系统进行讲解。

第一章 走近智能手机

一、合理设置手机密码

为了防止手机被盗和丢失,新手机最好设置手机密码,避免信息被泄露。

(一)设置锁屏密码

1. 在手机主屏界面(图1-1),点击"设置"图标,进入设置列表。手机的"设置"图标和后面讲到的应用程序里的"设置"图标一般都是"齿轮"的图形,所以在手机里看到"齿轮",点击它就进入该程序的设置界面。选择设置列表(图1-2)中"指纹、面部与密码"选项,进入指纹和密码修改界面。如果列表中内容过多,不方便查询,可以在设置列表最上面的"搜索设置项"文本框里输入关键字查询,能够快速跳转到要查询的功能界面。

图1-1 手机主屏界面

图1-2 设置列表

2. 进入"指纹、面部与密码"界面(图1-3),如果第一次设置密码,会直接进入锁屏密码设置界面,需要设置两次相同的六位数字密码即为成功,每次开机需要输入锁屏密码才能进入手机主屏界面。如果需要更改密码,点击"指纹、面部与密码"界面中间"更改密码",然后需要用户输入旧的锁屏密码和两次相同的新密码,即可成功更改锁屏密码。如果选择"关闭锁屏密码",弹出"清除指纹、面部数据"对话框(图1-4),点击"继续"后,手机保存的锁屏密码、指纹和面部校验功能将被禁用,同时会删除已录入的指纹和面部数据。

 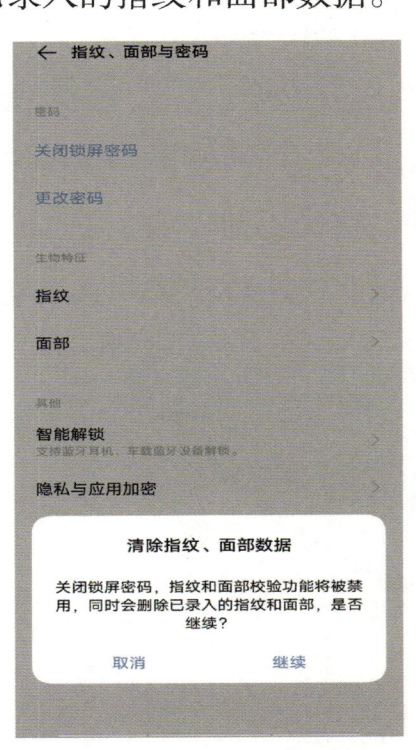

图1-3　指纹、面部与密码界面　　图1-4　清除指纹、面部数据对话框

(二) 设置"生物特征"密码

1. 在"指纹、面部与密码"界面中点击"生物特征"中的"指纹",将进入指纹设置界面(图1-5)。选中"将指纹用于"中"解

锁",则录入的指纹可以直接解锁屏幕,功能等同于输入锁屏密码。"支付"中是指纹已获得授权的支付软件列表,比如微信或支付宝中如果开通"指纹支付",就可以不需要输入密码,直接通过指纹即可完成支付交易。点击"指纹、面部与密码"界面下方的"添加指纹",就进入录制指纹界面,根据手机提示录入指纹,并且可以录制多个指纹。不同品牌手机录制指纹的地方不一样,有的在手机屏幕上,有的在手机背面,还有的在手机侧面,根据手机提示进行录入即可。

2. 在"指纹、面部与密码"界面中点击"生物特征"中的"面部",如果尚未录入面部数据,将直接进入录制面部界面,根据手机提示录入面部信息即可;如果已录入面部数据,将进入面部设置界面(图1-6)。

图1-5　指纹设置界面　　　　图1-6　面部设置界面

（三）智能解锁

1. 在"指纹、面部与密码"界面中点击"其他"中的"智能解锁",将进入智能解锁界面。此功能需要开启蓝牙,如未开启蓝牙功能,进入智能解锁未激活界面(图1-7),界面中所有功能灰色显示,无法操作,只有屏幕上方红色文字提示"使用此功能需开启蓝牙,点击设置",点击文字后即可打开蓝牙功能,然后返回上一步,即进入智能解锁界面(图1-8)。

2. 此时屏幕中列出已经配对的蓝牙设备,可以选择用于解锁的蓝牙设备,直接点击该设备右侧的"添加"按钮,即可打开蓝牙设备解锁功能。只要已添加的蓝牙设备和手机处于连接状态,手机将处于免解锁状态。如果蓝牙设备尚未和手机配对,点击屏幕下方"添加新设备",即进入蓝牙设备配对界面,配对成功后,即可打开蓝牙设备解锁功能。

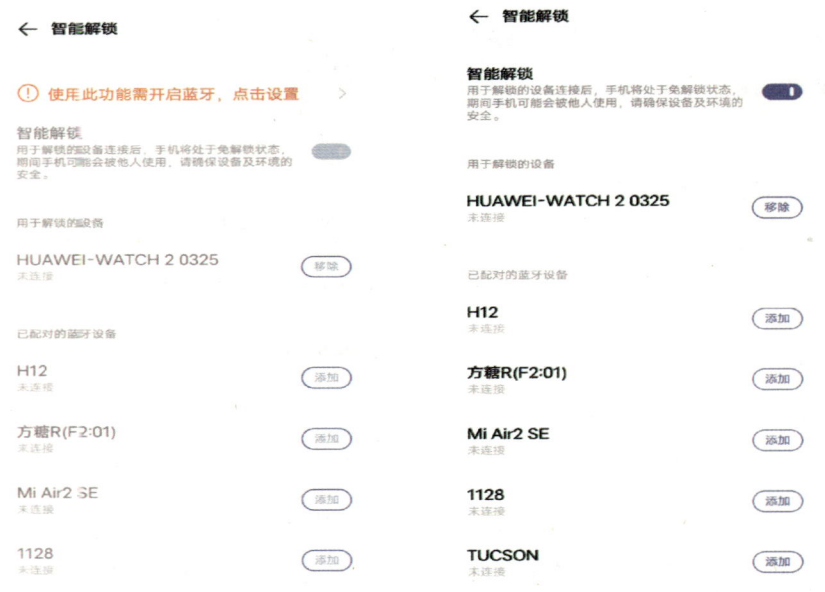

图1-7　智能解锁未激活界面　　图1-8　智能解锁界面

二、导入旧手机数据

更换手机,需要把旧手机里的联系人、短信、通话记录、图片、声音、视频、文档等复制到新的手机中,我们就可以按照下面的方法完成。

(一)通过 SIM 卡转存完成数据导入

在旧手机上使用导入/导出功能,将联系人、短信、通话记录导出到 SIM 卡上,再将 SIM 卡插入新手机,选择从"SIM 卡导入"即可。

(二)文件的搬家

1. 将旧手机中的图片、声音、视频、文档等文件用数据线复制到电脑,以电脑为中转站,再将这些文件复制到新手机即可。

2. 如果手机可插入 SD 卡,则可将旧手机里面的图片、声音、视频、文档等文件移动到 SD 卡上,然后将 SD 卡插入新手机便可以使用了;如果新手机不能插入 SD 卡,可以将 SD 卡插入读卡器,再通过 OTG 转接头插入新手机,打开新手机的 OTG 功能,就可以完成数据的复制。

3. 如果旧手机也是智能手机,复制数据的方法很多,比如一键换机、手机克隆、互传等,这里不再介绍。

三、手机快速上网

（一）Wi-Fi 热点上网

1. 在手机主屏界面点击"设置"图标，进入设置列表。选择设置列表中"WLAN"，进入 WLAN 设置界面（图 1-9）。

2. 将"WLAN"后面的开关按钮打开，则手机会自动检测附近的 Wi-Fi 热点。点击要添加的 Wi-Fi 热点，然后输入此热点的密码即可通过 Wi-Fi 热点上网。

（二）移动网络上网

1. 在手机主屏界面点击"设置"图标，进入设置列表。选择设置列表中"移动网络"，进入移动网络设置界面（图 1-10）。

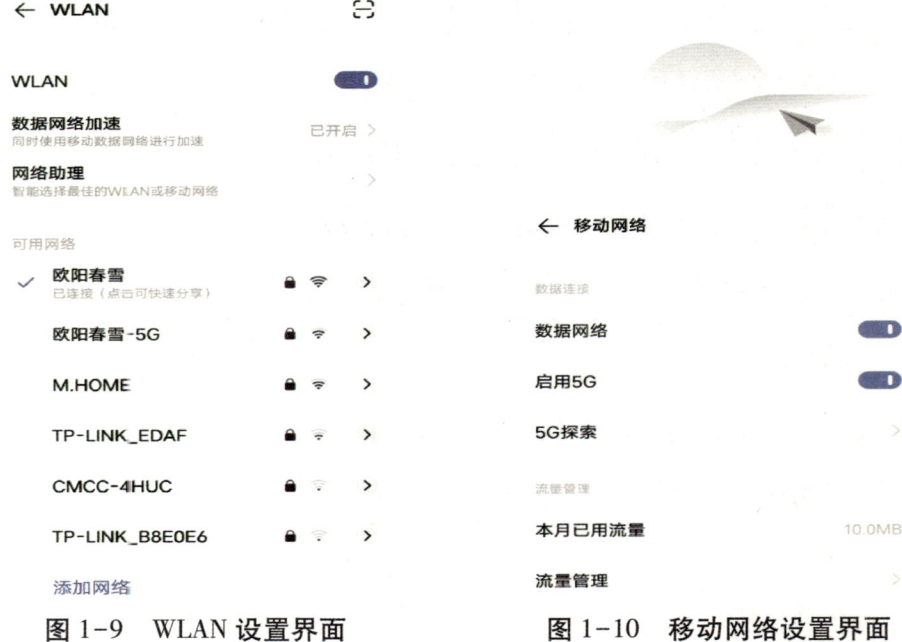

图 1-9　WLAN 设置界面　　图 1-10　移动网络设置界面

第一章　走近智能手机

2. 打开"数据网络",手机即可用手机卡流量上网。点击"流量管理",可以进入流量管理界面(图1-11),这里可以查看当前流量使用情况。

3. 点击"流量详情",查看以往流量使用的情况(图1-12)。这里可以按月查看某个月每天的流量使用情况,按日查看某天每个时段的流量使用情况。

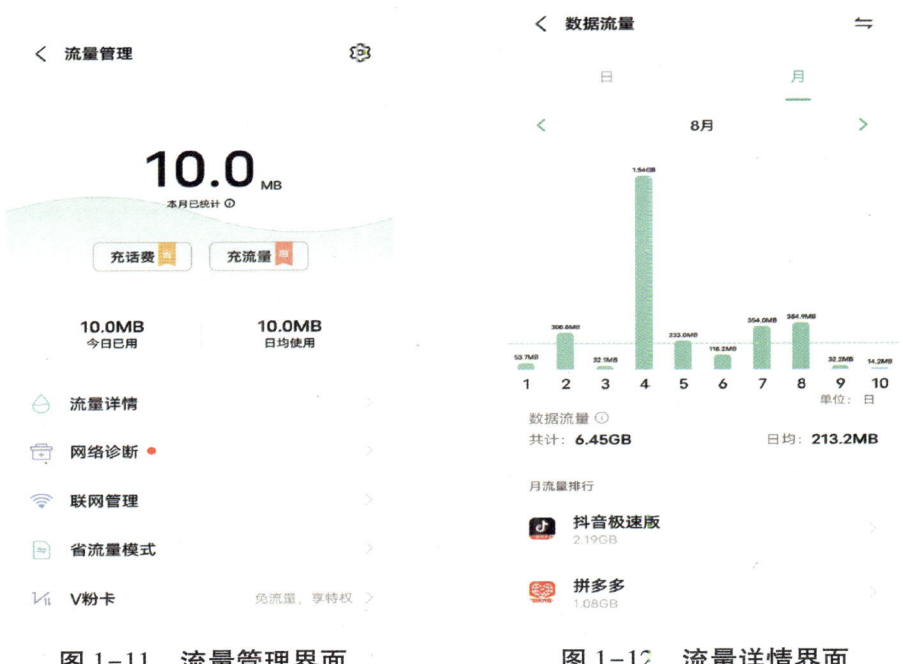

图1-11　流量管理界面　　　　图1-12　流量详情界面

4. 在流量管理界面中点击"联网管理",进入联网管理界面(图1-13),这里可以管理手机上已经安装的软件使用移动网络或者Wi-Fi热点上网。如果你的手机卡流量有限,就可以在这里控制某个软件仅使用WLAN上网。

5. 在流量管理界面中点击右上角设置图标,进入流量设置界面(图1-14)。点击"流量使用限额",可以设置"日流量使用限额"

和"月流量使用限额",打开限额控制,然后设置限额大小,可以设置超出限额后手机仅提醒或者断网并提醒,更好地帮助用户有效地使用手机流量。

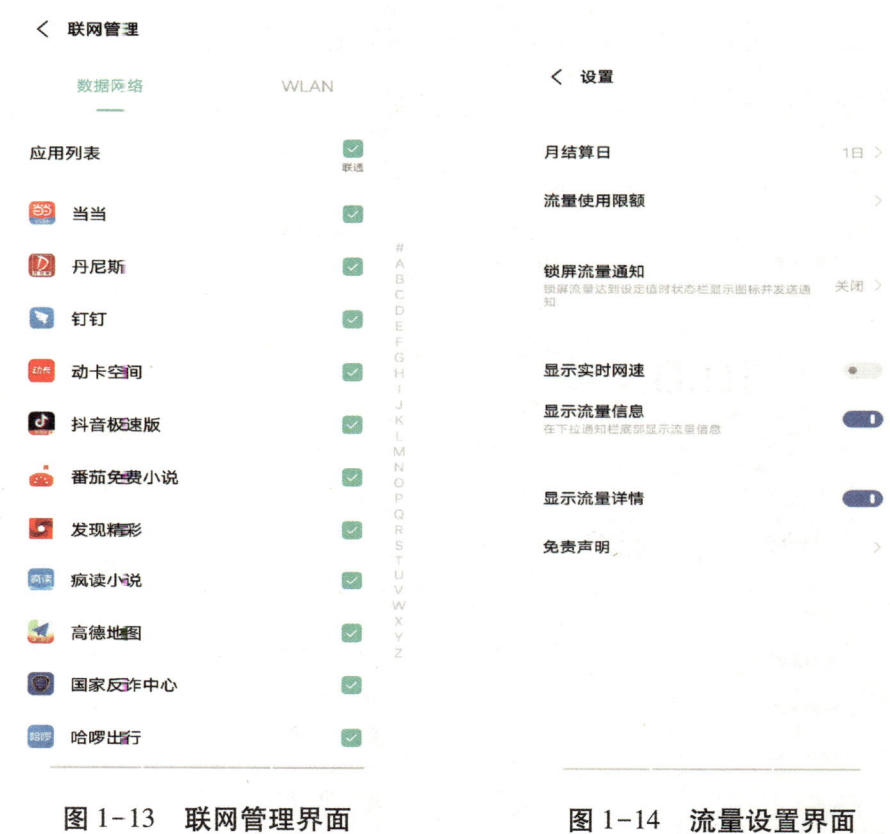

图 1-13　联网管理界面　　　　图 1-14　流量设置界面

第二节　如何安装应用程序

智能手机应用程序(APP)也称为手机软件,就像电脑软件一样,用于完善原始系统的不足与个性化,为用户提供更丰富的使用体验。应用程序的运行需要手机操作系统的支撑,不同的操作系统,需要安装与其对应的应用程序。随着智能手机的普及,应用程序也呈现井

第一章　走近智能手机

喷式的增长,逐渐推广到消费者的衣食住行各个领域,包括在线支付、在线购物、美食、娱乐、生活咨询、地图、旅游、天气等。

一、下载程序,应用商店更安全

下载应用程序,首选的方法就是使用手机系统自带的应用商店,这种方法既便捷又安全。

(一) 应用程序的安装

1. 在手机主屏界面点击"应用商店"图标,进入应用商店首页(图1-15),一般首页默认是推荐的应用程序。首页顶端有搜索对话框,输入要找的应用程序,可以快速定位,然后打开该应用程序安装界面,里面有相关介绍、评论、安装次数等信息,点击下方"安装"按钮即可进行应用程序的安装。

2. 安装界面中,建议大家认准"官方"标识,这样的应用程序安装后才更安全。在应用商店首页还可以点击"应用""游戏""排行"等图标,让用户通过不同的分类来查找应用程序。

3. 在应用商店首页点击下方"管理"图标,进入应用商店管理界面(图1-16)。点击"应用管理"图标,可以对已经安装的应用程序进行管理,比如修改应用程序的权限、允许通知等功能。

(二) 应用程序的更新

1. 在应用商店管理界面点击"应用更新",即可打开应用更新界面(图1-17),这里用户可以选择性地更新已经安装的应用程序。应用更新比直接安装新版的应用程序更省流量,但建议大家在连接 Wi-Fi 热点时进行应用程序的更新操作。

图 1-15　应用商店首页

图 1-16　应用商店管理界面

2. 在应用更新界面中每个可更新的程序下方,有个向下的箭头,点击可以展开该应用程序新版特性。如果用户认为新版特性无法满足需求,可以点击"忽略更新",那么这个应用程序的版本不再提示用户进行更新操作了。

3. 为了更好地体验应用程序的新功能或者弥补旧版本的漏洞,建议大家定时更新应用程序。

(三) 应用程序的卸载

1. 在应用商店管理界面点击"应用卸载",即可打开应用卸载界面(图 1-18)。这里用户可以把不需要的应用程序进行卸载,以便为手机留下充足的存储空间。

第一章 走近智能手机

图1-17 应用更新界面　　　　图1-18 应用卸载界面

2.手机在用过一段时间后,操作会越来越慢,是因为安装的应用程序越来越多,占用手机存储空间也越来越多。这个时候就可以卸载部分不需要的应用程序,让手机进行"瘦身"。

二、多种途径安装应用程序

应用商店里的应用程序是经过官方测试后才上线的,所以相对比较安全。但用户如果想尽快使用应用程序,在保证应用程序来源正规的情况下,就可以使用以下方法进行安装。

（一）浏览器下载安装

1.可以通过手机浏览器搜索要安装的应用程序,搜索到下载页面,点击页面中下载的链接,下载完成后点击安装,手机会提示是否允许安装非官方商店提供的应用程序,如果认为该程序安全,点击继续安装即可。

2. 如果提前知道下载地址,直接浏览器输入网址,跳转到下载页面,下载后完成安装即可。

3. 如果应用程序官方提供二维码下载地址,用浏览器的扫一扫功能扫描二维码,就可以直接下载,然后完成安装。

（二）电脑下载安装

1. 通过电脑下载安卓系统支持的APK安装包文件,然后用手机数据线连接电脑,把APK文件复制到手机上。

2. 用手机打开APK文件,根据提示完成安装即可。

第二章　常用工具与安全防范

王奶奶:"晓刚,你爷爷年龄大了,经常爱忘事。智能手机能不能给我们提个醒?"

李爷爷:"今天我收到了短信,说我手机欠费,让我点击链接缴费。可是,上周你刚给我交了一百元话费,给我说说怎么缴费。"

李晓刚:"爷爷,手机短信里的链接不要随便点,有可能是诈骗链接。我给您和奶奶讲讲,智能手机常用的工具和手机安全方面的内容吧。"

第一节　实用生活小助手

智能手机一般预装的有很多实用的生活工具,比如时钟、日历、便签、录音机、天气等,是我们日常生活中的好帮手。

一、时钟——多功能集于一身的时间管家

时钟里包含闹钟、世界时钟、秒表、计时器等功能,给用户的工作和生活带来极大的便利。

（一）闹钟

1. 在手机主屏界面，点击"时钟"图标，将打开时钟工具，默认进入的是闹钟界面（图2-1）。

2. 点击闹钟界面右上角"+"图标，将进入添加闹钟界面（图2-2）。调整要添加闹钟的时间，"重复"可以选择双休制（周六、周日闹钟不提醒）、单双休（周日闹钟不提醒）、自定义（任意选择哪天闹钟提醒）等。

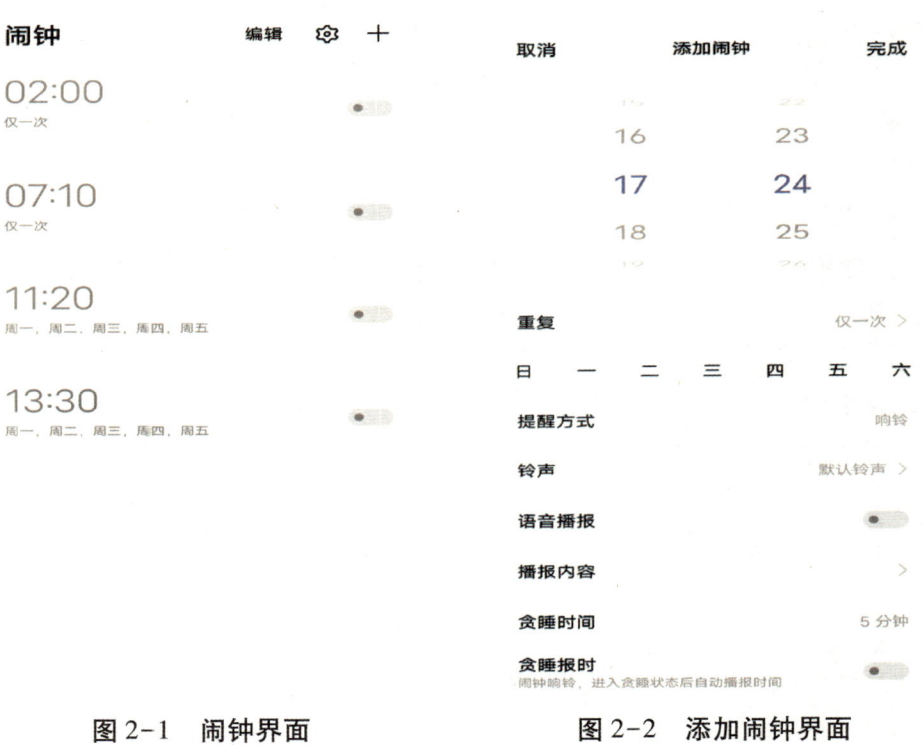

图2-1　闹钟界面　　　图2-2　添加闹钟界面

3. 提醒方式可以选择响铃、响铃及振动、振动等。

4. 铃声可以选择喜欢的铃声或者音乐。

5. 如果打开"语音播报"功能，当闹钟响铃时，关闭闹钟将会开始语音播报，播报的内容可以是所在地的天气、待办事项、新闻资讯等。

第二章　常用工具与安全防范

6. 闹钟还有贪睡功能,如果设置贪睡时间为5分钟,闹钟响铃后将会每5分钟再响铃一次。

7. 点击添加闹钟界面右上角"完成",闹钟添加成功。

8. 如果想修改已经添加好的闹钟,在闹钟界面点击要修改的闹钟时间,将打开编辑闹钟界面,此界面和添加闹钟界面内容相同。如果想删除闹钟,在闹钟界面上方点击"编辑",然后勾选要删除的闹钟,点击页面中"删除"即可完成。闹钟界面上方点击"齿轮"图标,将打开闹钟设置界面,这里可以设置默认的铃声、翻转贪睡(闹钟响铃时翻转手机贪睡)、物理键作用(设置音量、电源键在响铃时的作用)等。

(二) 世界时钟

1. 点击闹钟界面下方"世界时钟"图标,进入世界时钟界面(图2-3),屏幕中间的位置显示的是中国标准时间,即北京时间。

2. 点击世界时钟界面右上角"+"图标,进入添加城市时间列表,可以在上方搜索框里输入要添加的城市,点击查询到的城市名称,即完成添加该城市,自动返回上一界面。添加城市的时间显示在屏幕上。

3. 点击世界时钟界面右上角时间的图标,进入世界时间转换器界面(图2-4),选择要查看的某个时间,下方城市列表会自动更新显示城市时间。

4. 在世界时钟界面上方点击"编辑",然后勾选某个城市,点击页面中"删除",该城市时间将不在屏幕中显示。

图 2-3 世界时钟界面　　图 2-4 世界时间转换器界面

（三）秒表

1. 点击闹钟界面下方"秒表"图标,进入秒表界面(图 2-5)。

2. 点击秒表界面下方"播放"按钮,秒表开始计时,同时"播放"按钮变成"暂停"按钮,可以随时暂停秒表计时。

3. 点击秒表界面下方"复位"按钮,可以清除已计时的时间,重新开始秒表计时。

（四）计时器

1. 点击闹钟界面下方"计时器"图标,进入计时器界面(图 2-6)。

2. 在计时器界面中间位置,选择倒计时的时长,然后点击计时器界面下方"播放"按钮,倒计时开始,同时"播放"按钮变成"暂停"按钮,可以随时暂停计时器的倒计时。

第二章　常用工具与安全防范

图 2-5　秒表界面　　　　　图 2-6　计时器界面

3. 点击计时器界面下方"复位"按钮，可以清除已计时的时间，重新开始计时器的设置。

4. 点击计时器界面右上角"+"图标，进入添加计时界面，选择倒计时的时长，点击"完成"，即完成添加"多工计时"。长按计时器的时间，弹出"删除"对话框，点击"删除"，完成删除"多工计时"中的计时器。

二、日历——随身带个万年历

日历是集公历、农历、日程、节日、提醒等于一身的生活小助手，可谓是"一历在手，万历皆有"。

（一）日历设置

1. 在手机主屏界面，点击"日历"图标，进入日历界面（图2-7）。这里可以看到当月的月历，包括当月的节日、法定节假日、农历等。

2. 在日历界面点击右上角"▣▣"图标，弹出日历模式菜单（图2-8）。极简模式：日历显示只显示公历。农历模式：公历和农历同时显示，为默认模式。天气模式：在日期下方显示近期天气情况。跨月模式：上下滑动日历，月份连续显示。日程模式：把添加的日程信息在日历上显示出来。

图2-7　日历界面　　　　图2-8　日历模式菜单

3. 在日历界面点击左上角当前年份，切换到年历界面（图2-9），上下滑动年历，年历连续显示。点击某月可以显示这个月的日历信息。

第二章 常用工具与安全防范

4.在日历界面点击右上角"⋮"图标,弹出"日期跳转""发现""设置"菜单。日期跳转(图2-10):滑动选择日期,确定后跳转到当前日期所在的日历界面。发现:此界面可以关注星座运势、黄历、天气、图文精选等信息,关注后,日历界面将显示此相关信息。设置:日历视图、提醒等功能进行设置。

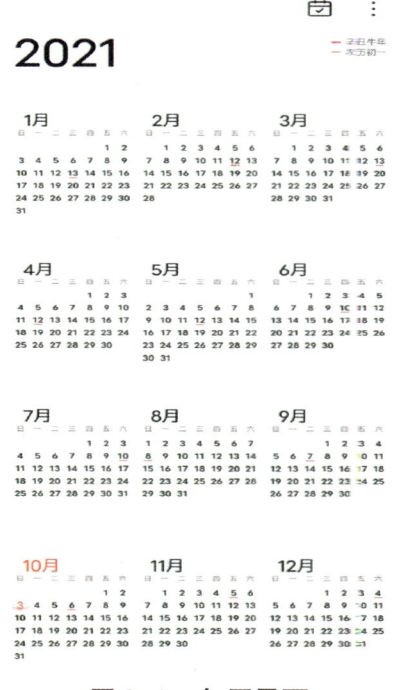

图2-9　年历界面

图2-10　日期跳转界面

(二) 日程设置

1.在日历界面点击右下角"+",进入新建日程界面(图2-11)。

2.新建日程界面中可以选择日程开始时间和结束时间,重复可设置为一次性、每天、每周、每月、每年、自定义等,可以设置提前多少时间提醒,提醒方式可选择为"通知提醒"或者"响铃提醒"。

3.点击右上角"完成",日程添加成功并返回日历界面。

4. 在日历界面点击右上角"："，进入查看日程界面（图2-12）。长按某个日程，可以删除或者编辑此日程。

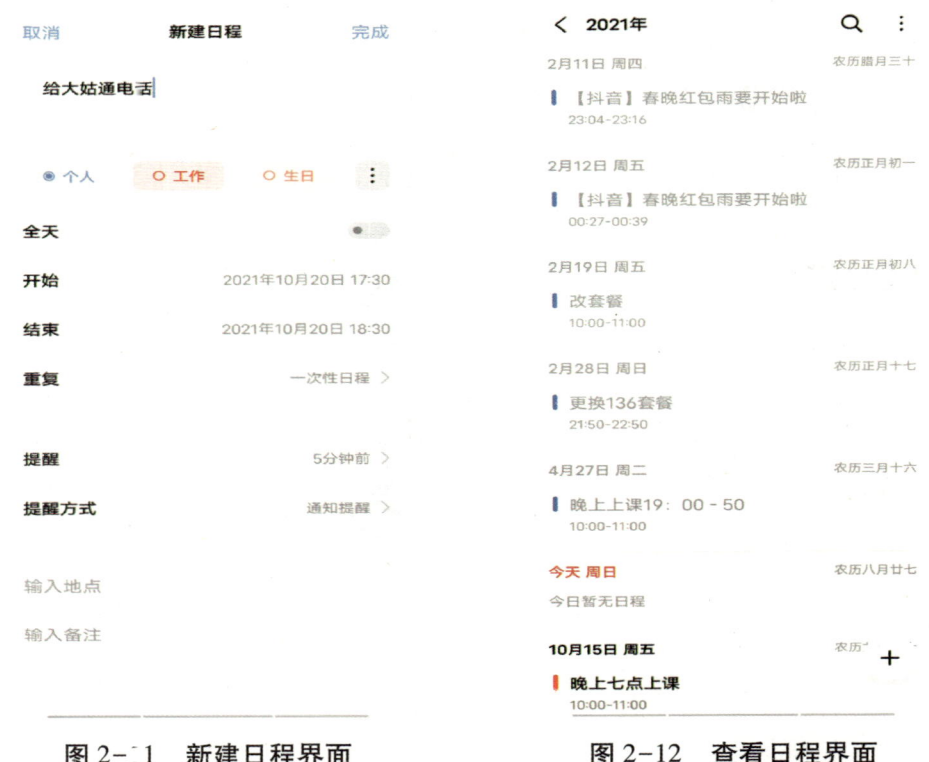

图2-11　新建日程界面　　图2-12　查看日程界面

三、便签——好记性不如烂笔头

便签是一款轻便的笔记应用，支持文字、图片、表格、涂鸦等格式，让用户不仅能够记录代办，还可以轻松实现精美的排版。

（一）添加便签

1. 在手机主屏界面，点击"便签"图标，进入便签界面（图2-13）。

2. 在便签界面下方中部点击"+"，进入添加便签界面（图2-14）。

第二章　常用工具与安全防范

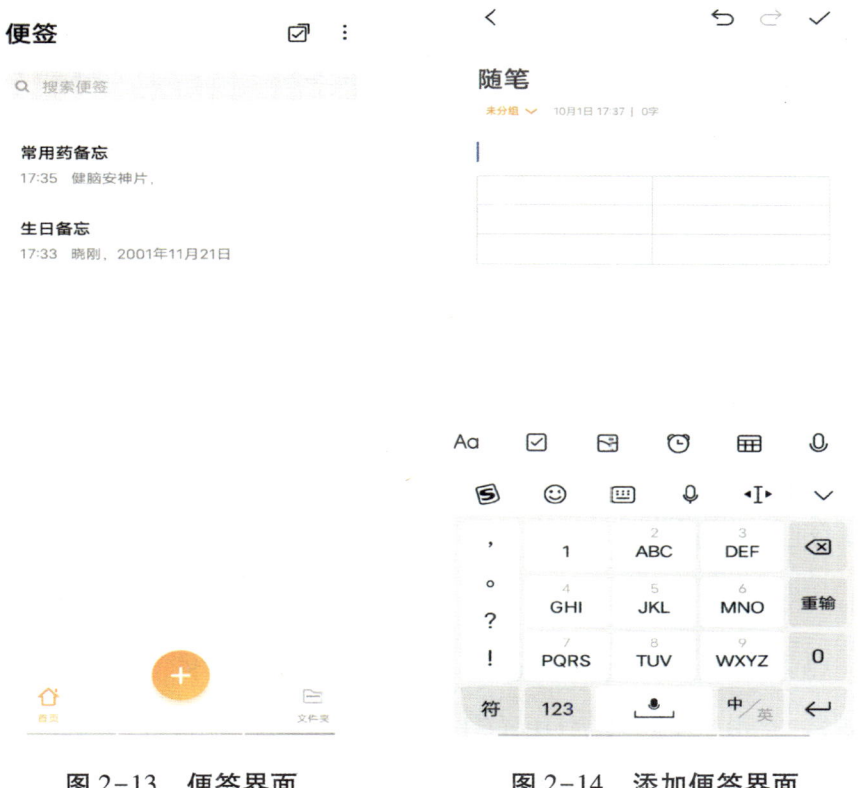

图 2-13　便签界面　　　　图 2-14　添加便签界面

3. 添加便签界面上方输入便签的标题,中间位置输入便签内容。便签里可以输入文字,并修改字体大小和样式,可以插入手机里图片或者拍照,也可以插入提醒时间、表格、录音、涂鸦和皮肤等。

4. 便签内容输入完成后,点击右上角"√"完成便签添加。

(二)编辑便签

1. 在便签界面中的便签列表,点击要编辑的便签,进入便签编辑状态,编辑便签和添加便签的界面基本一致。

2. 点击便签界面右上角复选框,每个便签前出现勾选框,选中后可以把该便签置顶、删除、加密(便签加密后,需要密码才能打开便签)、移入文件夹(便签如果太多,可以用文件夹进行分类)。在便签界面长按某个便签,可以完成相同操作。

四、录音机——记录生活重要时刻

录音机是一款集录音笔功能、通话录音功能于一体的录音类工具类程序。

(一)录音笔功能

1. 在手机主屏界面,点击"录音机"图标,进入录音机界面(图 2-15)。

2. 点击界面中下方录音按钮,进入录音界面(图 2-16),自动开始录音功能,界面中如果有上下波形,说明录音正常。

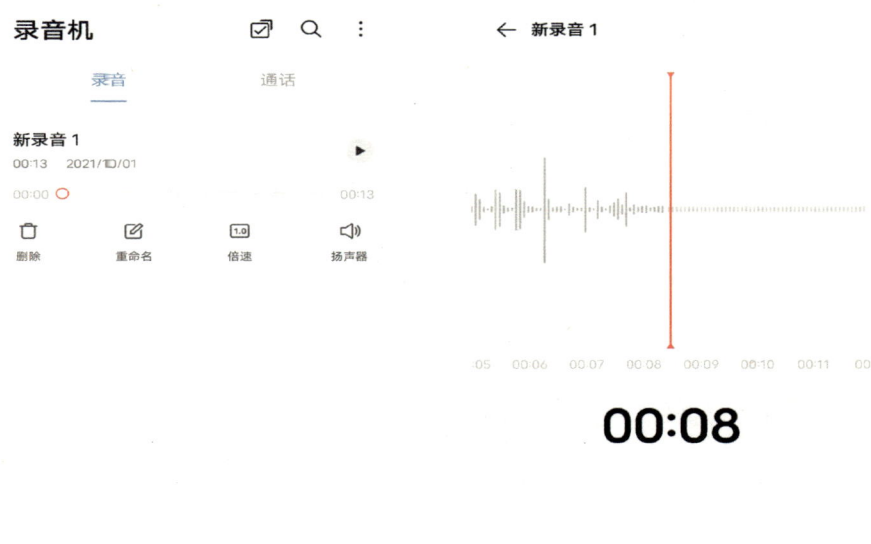

图 2-15　录音机界面　　　图 2-16　录音界面

第二章 常用工具与安全防范

3. 录音过程中,随时可以点击下方暂停按钮,也可以为某处做标记。点击红色录音按钮,可以继续录音。

4. 点击界面中对号,完成录制。自动返回录音机界面。

5. 点击录音机界面右上角复选框,每个录音前出现单选框,选中后可以删除录音。

(二)通话录音功能

1. 在手机通话过程中,左通话界面中点击"录音"图标,可以把双方通话内容进行录音。

2. 在录音机界面上方选择"通话"选项卡,进入通话界面,此界面和录音界面相似。

3. 点击通话界面右上角复选框,每个通话录音前出现单选框,选中后可以删除通话录音。

五、天气——时刻知冷暖

天气是一款集国内外城市的天气预报、天气实况、生活指数、天气资讯、天气视频、服务产品等气象数据于一体的工具类程序。

(一)自动定位天气预报

1. 在手机主屏界面,点击"天气"图标,进入天气界面(图2-17)。默认看到的是自动定位的地区实时天气情况,未来几个小时的天气情况和15天内的天气情况。

2. 天气界面向上滑动屏幕,各项天气信息依次展现眼前。包含日出时间、日落时间、体感温度、湿度、风向、气压、空气质量、台风路径、地震预警、视频天气预报等信息。点击屏幕天气信息,打开天气详情界面,可以看到更详细的天气情况。

3. 在天气界面继续往上滑动到底部,进入生活主页界面(图2-18)。默认看到的是推荐的相关生活信息,有各新闻媒体发布的天气信息。

4. 生活主页依次有穿衣、舒适度、防晒、旅游、运动、钓鱼、洗车等栏目,以及相关新闻资讯。穿衣:根据实时天气情况,建议穿合适的服装,提供各种穿衣搭配的文章以供参考。舒适度:提供当前气温和湿度情况下的人体舒适度。防晒:判断当前紫外线的强度,建议是否涂擦防晒护肤品。旅游:根据天气情况判断是否适宜外出旅游,并提供旅游资讯。运动:建议是否适宜户内外运动。钓鱼:建议是否适合垂钓。洗车:如果未来24小时内有雨,将不建议洗车。

图2-17 天气界面

图2-18 生活主页界面

（二）其他城市天气预报

1. 在天气界面点击右上角城市图标（一般为楼房的图形），进入城市管理界面（图2-19）。

2. 点击城市管理界面右上角"+"，在新界面中上方的搜索框里输入要添加的城市名称，点击搜索到的城市名称，添加城市成功（图2-20），并自动返回到城市管理界面。

图2-19　城市管理界面

图2-20　城市编辑窗口

3. 城市管理界面出现新增加的城市天气信息。在天气界面左右滑动屏幕，可以切换城市天气信息。

4. 城市管理界面长按某个城市，弹出该城市编辑窗口。点击"删除"，把该城市从城市管理列表中删除，不再显示此城市的天气信息；点击"设为提醒城市"，该城市有预警、升降温、热冷和降水等极端天气时，可提前收到通知提醒。

第二节　安全防范不可少

随着智能手机的普及,手机成为移动互联网最主要的终端。手机功能越来越丰富,手机平台越来越开放,手机的安全问题也越来越突出。尤其是开源的安卓系统手机就成为重灾区,手机病毒、诈骗电话、恶意短信让用户防不胜防。手机如果中了病毒,会出现系统变慢、经常死机等状况,甚至造成经济利益的损失。下面,我们一起来学习如何保护手机的安全。

一、腾讯手机管家——动态守护手机安全

腾讯手机管家是腾讯旗下一款永久免费的手机安全与管理软件,功能包括病毒查杀、骚扰拦截、软件管理、手机防盗及安全防护等。

(一) 一键优化

手机加速功能也是我们经常用到的工具之一,尤其是对于一些中低档的智能手机来说,快速释放内存空间比等待系统自动释放内存更方便。腾讯手机管家支持一键优化,可以为手机加速的同时清除手机中的缓存。

1. 首先,在手机上的应用商店,搜索"腾讯手机管家"进行下载安装,安装完成后,在手机主屏界面找到"腾讯手机管家"图标,点击进入腾讯手机管家首页(图2-21)。

2. 手机屏幕中间有个分数，如果分值过低，会显示红色。点击"一键优化"按钮，手机自动开始优化，优化完成跳转至继续优化界面（图2-22），优化后分值显示绿色。

3. 如果还有增分项，点击加分的按钮，手机可以继续优化。

图2-21　腾讯手机管家首页　　　　图2-22　继续优化界面

（二）健康优化

当然，我们也可以选择手动清理内存与缓存，更深层次地进行手机优化操作。

1. 腾讯手机管家首页点击"清理加速"，进入清理加速界面（图2-23）。点击屏幕上方的"放心清理"按钮，手机进行清理加速。

2. 在清理加速界面点击"微信清理"，进入微信清理界面（图2-24），手机开始对微信可清理的垃圾进行扫描。

图 2-23　清理加速界面

图 2-24　微信清理界面

3. 微信垃圾扫描完成后，列表显示可放心清理垃圾信息，比如微信无用文件、收到的微信表情、微信小程序缓存等。点击"一键清理"把扫描出的垃圾文件清理完成。点击页面中"开启自动清理"，手机将定时自动清理微信垃圾，不影响手机正常使用。

4. 在清理加速界面点击"QQ 清理"，进入 QQ 清理界面，操作方法和微信清理相似。

5. 在清理加速界面点击"照片清理"，手机自动扫描出所有照片，可以根据实际情况确定是否保留或清除照片。

6. 清理加速界面还有手机瘦身功能，可以进行软件卸载、软件缓存清理、大文件清理、音视频清理、软件缓存清理等，均可根据需求进行瘦身操作。

（三）安全防护

腾讯手机管家可以进行病毒查杀、骚扰拦截、隐私检测等安全防护。

1. 腾讯手机管家首页点击"安全检测"，进入安全检测界面（图2-25），点击"立即检测"。

2. 手机开始进行网络环境、病毒木马、系统漏洞、账号保护、隐私保护、支付环境等检测，检测完成后，如果有安全隐患，提示立即处理，根据提示把安全隐患解决即可。

3. 安全检测界面有微信安全和QQ安全的账号保护功能，根据提示开启保护微信和QQ的账号安全，防止盗号危险。

4. 腾讯手机管家首页点击"隐私检测"，进入隐私保护中心界面（图2-26），并自动开始检测隐私安全隐患。如果有隐私安全隐患，点击"立即处理"可以解决隐私安全隐患，比如对短信、图片和视频进行加密等操作，防止隐私泄露。

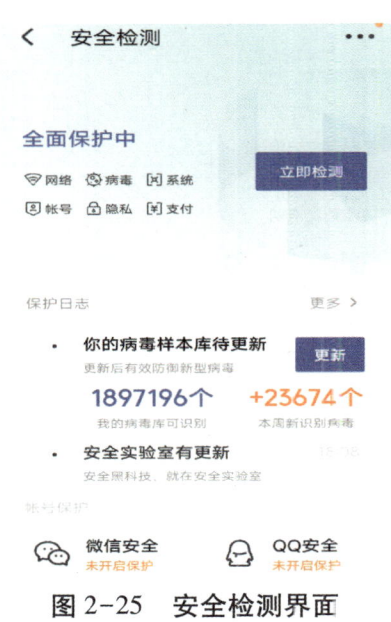

图2-25　安全检测界面

图2-26　隐私保护中心界面

5. 腾讯手机管家首页点击"骚扰拦截",进入骚扰拦截界面(图2-27)。开启骚扰拦截功能需要悬浮窗权限和读取短信权限,如未开启,点击"立即授权",开启相关权限。

6. 点击骚扰拦截界面右上角设置图标,进入骚扰拦截设置界面(图2-28)。设置电话和短信拦截规则,根据需求进行拦截。可以设置黑白名单,并开启夜间防打扰模式,只允许夜间手机白名单的人员能打进电话。

图2-27　骚扰拦截界面　　图2-28　骚扰拦截设置界面

7. 在骚扰拦截界面中,点击"智能代接"下方"立即开启"。在不方便或无法接听电话时,智能助理可以随时帮用户接听,用语音和文字记录电话内容。

8. 在骚扰拦截界面中,点击"来电识别"下方"立即开启"。开启权限后,可以精准识别骚扰来电,避免接听诈骗电话。

（四）其他功能

腾讯手机管家首页"工具箱"里还提供了接听助理、亲情守护、我的钱包、强力加速、小管提醒、软件锁、通知栏清理、手机防盗、检测网速、电池管家等工具，这里不再过多叙述，有兴趣的用户可以自行研究。

二、360手机卫士——全方位手机安全管理服务

360手机卫士是一款免费的手机安全软件，集防垃圾短信，防骚扰电话，防隐私泄漏，对手机进行安全扫描，联网云查杀恶意软件，软件安装实时检测，流量使用全掌握，系统清理手机加速，归属地显示及查询等功能于一身，是一款功能全面的智能手机安全软件。

（一）手机体检

360手机卫士里的手机体检提供快速、全面的扫描检查，并根据状态给出参考评分。使用一键修复，可以快速完成所有待处理项目，让手机系统状态恢复100分的良好状态。

1.在手机上的应用商店，搜索"360手机卫士"进行下载安装，安装完成后，在手机主屏界面找到"360手机卫士"图标，点击进入360手机卫士首页（图2-29）。

2.手机屏幕中间出现此时手机评分，如果分值过低会显示红色。点击"即刻修复"按钮，手机自动开始修复，修复完成跳转至一键修复界面（图2-30），优化后分值显示橙色或绿色。

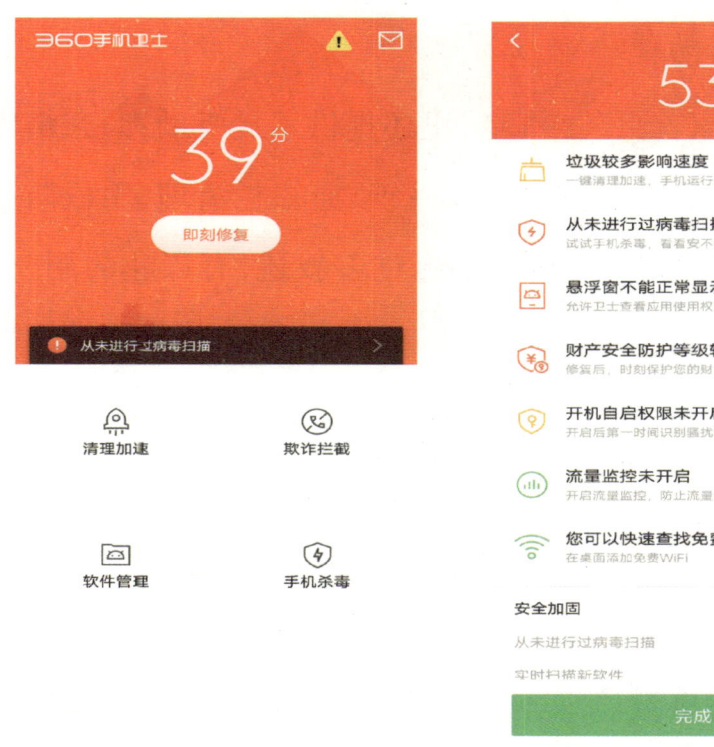

图 2-29　360 手机卫士首页　　图 2-30　一键修复界面

3. 如果还有增分项,点击加分的按钮,手机可以快速完成待处理的项目,从而恢复良好状态。

(二) 清理加速

一键加速解决卡慢,深度清理释放空间。

1. 360 手机卫士首页点击"清理加速",进入清理加速界面(图 2-31),手机自动扫描存在的可以清理的垃圾。点击屏幕上方的"一键清理加速"按钮,手机开始垃圾清理。

2. 在清理加速界面点击"手机清理",进入手机清理界面(图 2-32),手机开始对可清理的垃圾进行扫描。最终列出软件数据、大文件、系统文件、卸载残留、安装包等产生的垃圾,用户可以自主勾选要清理的选项,点击页面"清理垃圾"完成垃圾清理操作。

第二章 常用工具与安全防范

图 2-31 清理加速界面

图 2-32 手机清理界面

3. 在清理加速界面点击"强力加速",进入强力加速界面(图 2-33)。这里需要给 360 手机卫士授权"允许查看使用情况"。给应用程序授权后,该应用就能跟踪您正在使用的其他应用和使用频率,以及您的运营商、语言设置及其他详细信息。然后在强力加速界面点击"内存加速",手机对可安全清理的进程和需谨慎清理的进程进行自主选择清理。

4. 在清理加速界面点击"微信清理",进入微信清理界面(图 2-34),手机开始对微信可清理的垃圾进行扫描。直接点击"放心清理"中的清理按钮完成垃圾清理。微信清理界面会显示"推荐清理"中小视频、过旧内容、过大内容占用空间列表,"清理更多"中聊天图片、图片、视频、表情、语音、文件、收藏、视频号占用空间列表。用户均可自主选择进行清理。

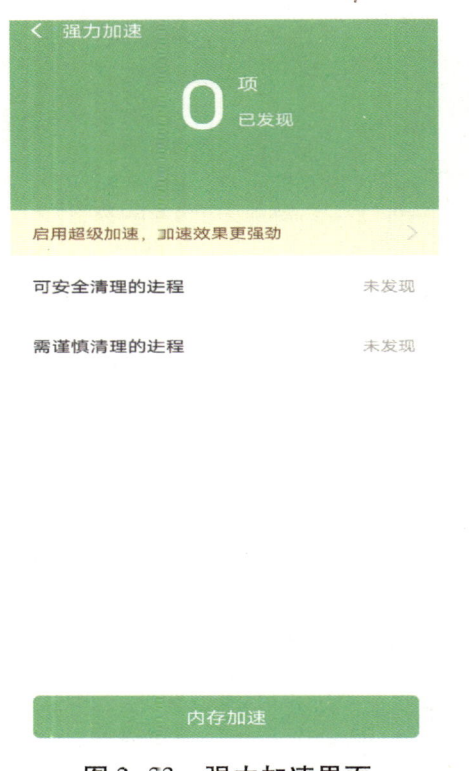

图 2-23　强力加速界面　　　　图 2-34　微信清理界面

5. 在清理加速界面点击"QQ 清理",进入 QQ 清理界面,操作方法和微信清理相似。

6. 清理加速界面还有文件清理、手机瘦身、短信清理、手机降温等功能,均可根据需求进行操作。

(三) 欺诈拦截

智能拦截垃圾短信,广告电话不再烦心。

1. 360 手机卫士首页点击"欺诈拦截",进入欺诈拦截界面(图 2-35),自动检测手机防骗指数。

2. 如果指数过低,点击页面中"立即提升",进入立即提升界面(图 2-36)。

图 2-35　欺诈拦截界面

图 2-36　立即提升界面

3. 在立即提升界面列出可以提升防骗指数的相关事项，比如领取诈骗先赔险和定期查看安全播报等。经常阅读安全播报，可以了解最新骗术。养成安全的好习惯，防骗指数还会不断提升。

4. 在欺诈拦截界面中点击"拦截记录"，查看电话和短信拦截的详细记录。

5. 在欺诈拦截界面中点击"诈骗识别"，输入或者粘贴要鉴定的内容进行鉴定。这里可以鉴定诈骗电话号码、诈骗短信、诈骗微信消息、诈骗银行卡号、诈骗网址等。

6. 在欺诈拦截界面中点击"我要举报"，可以举报诈骗短信、诈骗电话、诈骗网站和诈骗应用。标记诈骗电话和举报诈骗短信，可以帮助更多人识别诈骗。

7. 在欺诈拦截界面中点击"诈骗理赔"，进入手机先赔界面。加入手机先赔防骗计划，可以免费领取被骗保障金。

（四）手机杀毒

专业杀毒引擎，木马病毒无处遁形。

1. 360手机卫士首页点击"手机杀毒"，进入手机杀毒界面（图2-37）。

2. 点击"快速扫描"，手机开始对操作系统和各种应用程序等进行扫描，扫描完成后，如果有安全隐患，提示立即处理，根据提示把安全隐患解决即可。

3. 点击手机杀毒界面右上角设置图标，进入手机杀毒设置界面，这里可以更改扫描模式。默认的扫描模式为快速扫描，也可以更改为全盘扫描，下次手机杀毒就会全盘进行扫描。设置里还有自动更新病毒库、自动联网云查杀、安装监控、防拨号劫持、参加云安全计划等，最好全部勾选，以便更好地进行安全防护。

（五）其他功能

点击360手机卫士首页下方"工具箱"，进入我的工具界面（图2-38）。我的工具里提供了流量监控、免费Wi-Fi、程序锁、手机瘦身、手机降温、微信清理、充电保护、摄像头检测、隐私防泄露、女性守护中心、软件管理等工具，更有效地防护我们的手机安全。比如：你如果入住酒店，连接酒店Wi-Fi后，使用摄像头检测可以自动检测当前Wi-Fi环境中是否存在网络摄像头；女性守护中心包括虚拟警报器（闪光灯闪烁，并以最大音量鸣笛）、手机防移动保护（当手机被移动时，立即发出警报）、网络摄像头检测（快速识别网络摄像头）、伪装来电（伪装男朋友来电，脱身好帮手）、隐私防泄露

(检测隐私泄露风险)。其他工具这里不再过多叙述,有兴趣的用户可以自行研究。

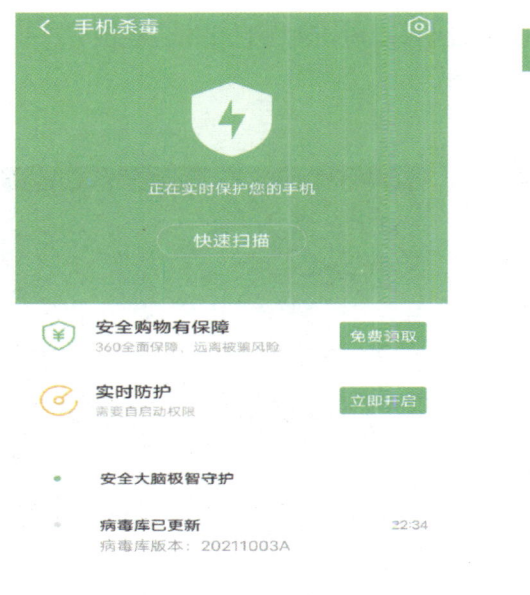

图 2-37　手机杀毒界面　　　　图 2-38　我的工具界面

三、国家反诈中心 APP——时刻提升防范意识

国家反诈中心 APP 是一款能有效预防诈骗、快速举报诈骗内容的应用程序,里面有丰富的防诈骗知识,通过学习里面的内容可以有效避免各种网络诈骗的发生,提高每个用户的防骗能力,还可以随时向平台举报各种诈骗信息,减少不必要的财产损失。

(一)注册登录

1.在手机上的应用商店,搜索"国家反诈中心"进行下载安装,安装完成后,在手机主屏界面找到"国家反诈中心"图标,点击进入国家反诈中心 APP。

2. 弹出服务协议和隐私政策界面(图2-39),点击"同意"。

3. 跳转至软件权限请求界面(图2-40),点击"允许"。国家反诈中心APP使用时,需要授权手机权限,如照片访问、视频访问、访问短信、访问通讯录等权限。

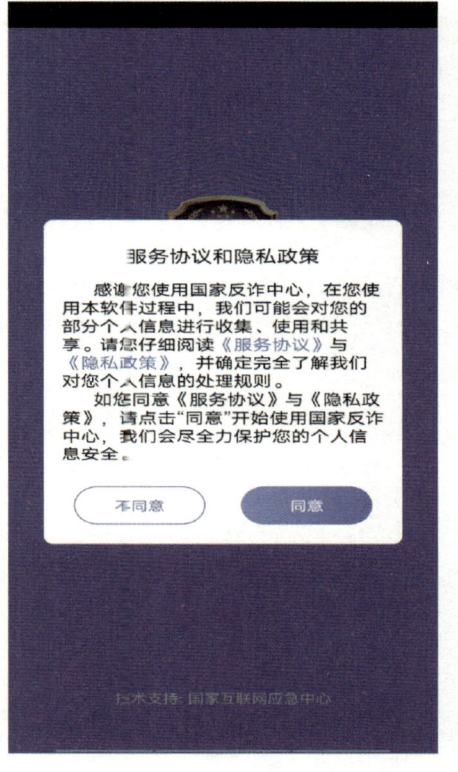

图2-39　服务协议和隐私政策界面

图2-40　软件权限请求界面

4. 进入账号密码登录界面(图2-41),第一次登录点击页面下方"快速注册",进入注册账号界面(图2-42)。

5. 输入手机号码,点击"获取验证码",输入手机收到的验证码,然后设置登录密码,并勾选下方"注册即同意《服务协议》和《隐私政策》"。确定后完成注册,并返回账号密码登录界面。用户还可以通过微信、QQ、微博进行授权登录。

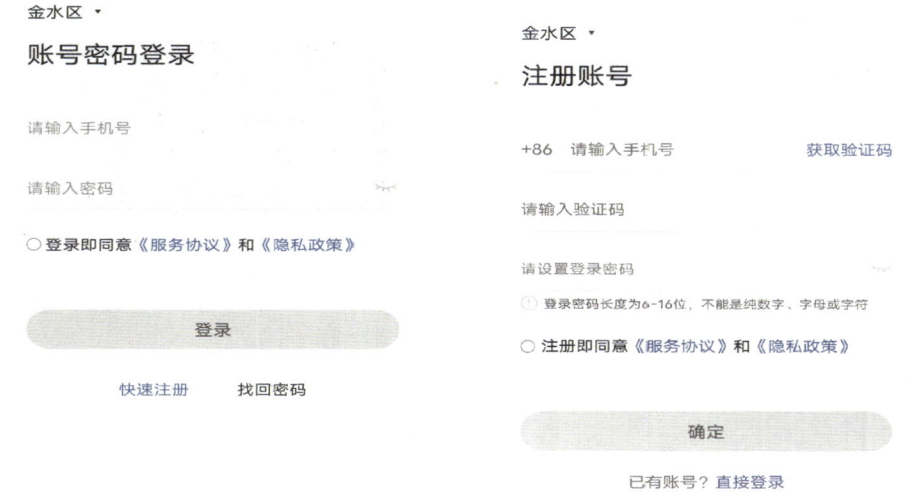

图 2-41 账号密码登录界面　　图 2-42 注册账号界面

6. 点击账号密码登录界面左上角地区，进入选择常驻地区界面（图 2-43）。选择常驻地区，以便接受对应地区的反诈知识和服务。如果注册时所在位置即为常驻地区，可以忽略此步骤。

7. 输入已注册的手机号码和登录密码，勾选"登录即同意《服务协议》和《隐私政策》"，完成登录进入国家反诈中心 APP 首页（图 2-44）。以后打开应用程序可以直接进入首页，无须再次登录。

（二）实名认证

使用国家反诈中心 APP 我要举报、报案助手、来电预警、身份核实等功能时，需要登录账号进行实名身份验证。

1. 在国家反诈中心 APP 首页点击"我要举报"等功能时，弹出实名认证对话框（图 2-45）。

2. 点击"身份验证"，进入身份认证界面（图 2-46）。

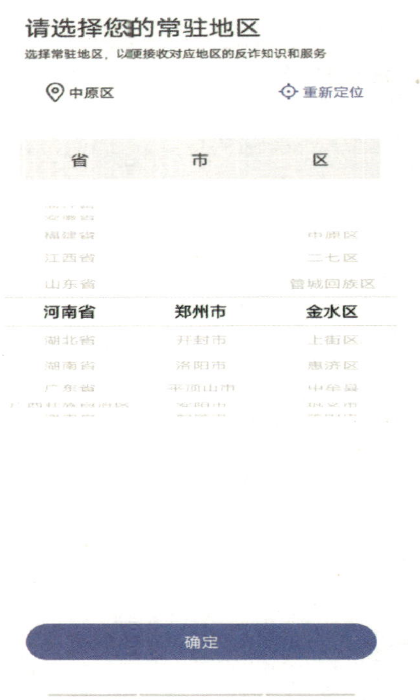

图 2-43　选择常驻地区界面

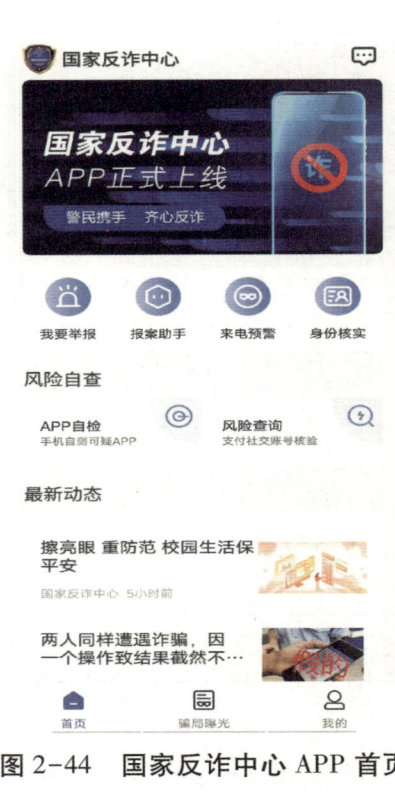

图 2-44　国家反诈中心 APP 首页

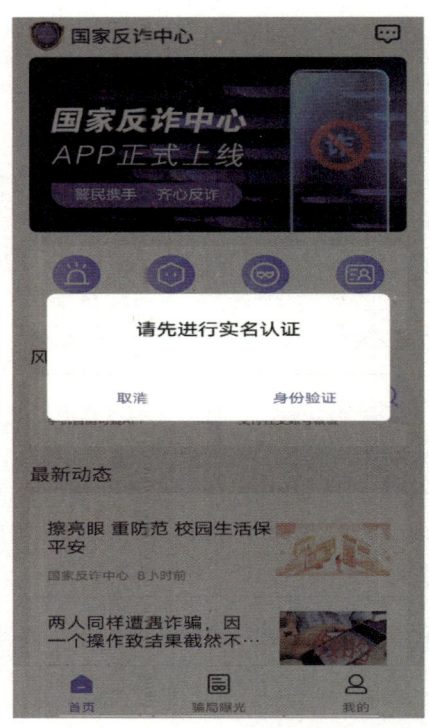

图 2-45　实名认证对话框

图 2-46　身份认证界面

第二章 常用工具与安全防范

3. 输入真实姓名和身份证号码,点击"去人脸识别"。

4. 将脸移入屏幕圈内,点击"确定"按钮,完成实名认证。

5. 在国家反诈中心 APP 首页右下角点击"我的",进入个人信息界面,弹出完善信息对话框(图 2-47)。

6. 点击"去完善"按钮,进入个人信息界面(图 2-48)。完善个人信息,能够更及时获得反诈部门的帮助。

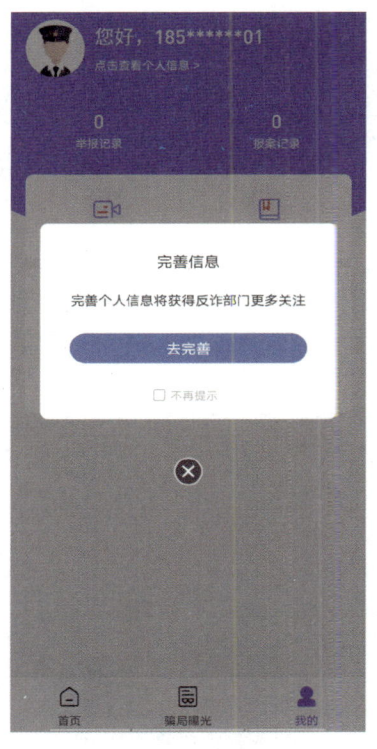

图 2-47 完善信息对话框

图 2-48 个人信息界面

(三)我要举报

用户使用手机过程中,发现可疑的手机号、短信、赌博、钓鱼网站、诈骗 APP 等信息时,可以使用此功能举报非法可疑的电信诈骗行为。

1. 点击应用程序首页"我要举报",进入我要举报界面(图 2-49)。

老年智慧科技生活

2. 填写诈骗类型、报案地、举报描述。

3. 至少填写一项举报内容,如电话、短信、APP应用程序、图片、网址等。

4. APP应用程序(从手机中选择已安装的APP或安装包)、图片、录音、视频等信息选择完成后,需先上传文件,文件上传成功后可提交举报。

(四)报案助手

受害人被诈骗后,到派出所报案时,在民警指导下提交案件信息。此功能支持上传聊天记录、转账记录、诈骗短信等诈骗信息的截图。民警现场协助勘察取证。

1. 点击应用程序首页"报案助手",进入报案助手界面(图2-50)。

图2-49 我要举报界面　　　图2-50 报案助手界面

2. 点击"扫码报案",扫描民警出示的案件二维码。

3. 点击"开始填写",填写报案信息,标注"必填"字样或打"＊"号的为必填项。

4. 报案信息填完后,点击"下一步",进入签字提交页,确认信息无误后,完成报案人签字,点击"提交报案信息"完成报案。

5. 点击应用程序首页右下角"我的",在个人信息界面,点击"报案记录"可查看报案记录。

(五) 来电预警

收到可疑诈骗分子来电、可疑诈骗分子发送的短信、可疑短信内容网址、安装可疑诈骗 APP 应用时,国家反诈中心 APP 可智能识别骗子身份,提前预警,大大降低受骗的可能性。

1. 点击应用程序首页"来电预警",进入来电预警界面(图2-51)。

2. 来电预警尚未开启时,点击"立即开启",开启相关权限,根据指引进行配置。

3. 配置完成后,返回应用程序,进入预警开启权限列表界面(图2-52)。

4. 点击列表中"去开启",开启相关内容权限。

5. 权限开启后,返回来电预警界面,来电预警、短信预警均已自动开启。

6. 手机使用过程中,已被确认为诈骗分子的来电号码显示预警信息;已被举报/标注过的来电号码显示识别信息;可疑分子发送的短信或可疑短信内容网址,自动识别并显示预警信息;安装可疑诈骗APP应用自动识别并显示预警信息。点击预警信息中的"一键举报",快速举报该诈骗行为。

图2-51　来电预警界面　　图2-52　预警开启权限列表界面

（六）身份核实

该功能用于在非面对面情况下明确对方真实身份。

1. 点击应用程序首页"身份核实",进入身份核实界面（图2-53）。

2. 输入要核实的手机号码,将核实请求发送至对方。

3. 对方使用被请求的手机号码注册登录本APP进行人脸识别核实身份。

4. 点击身份核实界面下方的"核实记录",查看核实结果。请求有效时限为24小时。

（七）APP 自检

该功能可以快速检测已安装的应用程序和未安装应用程序的安装包，帮助用户精准识别手机内可疑的诈骗应用程序。

1. 点击应用程序首页"APP 自检"，进入 APP 自检界面。

2. 自动检测手机内已安装的 APP 应用程序和未安装的 APK 包。

3. 检测完成后显示 APP 自检结果界面（图 2-54）。

4. 对检测出的恶意软件和安装包，可进行一键清除和一键举报操作。

图 2-53　身份核实界面　　　图 2-54　APP 自检结果界面

（八）风险查询

给好友或他人转账时确认对方是否为涉嫌诈骗的账号，避免资金风险。社交场景下确认聊天对方是否涉嫌诈骗，提高警惕避免点击或观看钓鱼网址等诈骗信息。

1. 点击应用程序首页"风险查询"，进入风险查询界面（图2-55）。

2. 选择"支付账户"标签页，输入需要查询的银行卡号或支付账户。

3. 点击"立即查询"，查看支付账户查询结果。如果是涉诈结果，可以进行一键举报。

4. 选择"IP/网址"标签页，输入需要查询的 IP 或 URL 网址。

5. 点击"立即查询"，查看 IP/网址查询结果。如果是涉诈结果，可以进行一键举报。

6. 选择"QQ/微信"标签页，输入需要查询的 QQ 或微信账户。

7. 点击"立即查询"，查看 QQ 或微信查询结果。如果是涉诈结果，可以进行一键举报。

（九）骗局曝光

了解学习最新电信网络诈骗骗术，查看电诈常见案例。

1. 点击应用程序首页下方"骗局曝光"，进入骗局曝光界面（图2-56）。

2. 页面上方可以切换宣传类型，同时切换分类。

3. 上下滑动查看文章标题和发布时间。

第二章 常用工具与安全防范

图 2-55 风险查询界面　　　　图 2-56 骗局曝光界面

4. 点击文章,查看文章详情。

5. 点击右上角分享按钮,可把文章分享给好友,支持微信、QQ、微博、钉钉、复制链接等分享渠道。

第三章　社交与娱乐

第一节　即时通信快又省

即时通信（instant message）是能够即时发送和接收互联网消息等的业务。自 1998 年面世以来，特别是近几年的迅速发展，即时通信的功能日益丰富，逐渐集成了电子邮件、博客、音乐、电视、游戏和搜索等多种功能。在今天，即时通信不再是一个单纯的聊天工具，它已经发展成集交流、资讯、娱乐、搜索、电子商务、办公协作和企业客户服务等为一体的综合化信息平台。我国常见的微信、QQ，国外的 MSN 等都是即时通信的代表工具。

即时通信的第一大优点就是"快"，使用者不仅可以通过文字、语音、视频等方式实现实时交流与互动，还可以通过群聊中的群语音和群视频等功能实现多人实时交流。第二大优点是"省"，也就是"便宜"。一方面，由于即时通信工具采用流量发送和接收信息，省去了"电话费"和"短信费"等传统通信工具的费用，且随着国家大力提倡网络"提速降费",越来越多的低价无限流量套餐面市。另一方面,无线网络(即 Wi-Fi)的覆盖范围也越来越大,进一步节省了使用费用。

一、微信——随时随地,便捷交流

李爷爷和王奶奶发现家里的年轻人都使用微信与他人联系。为了更方便和女儿们联系,他们就向孙子李晓刚咨询如何使用微信。

李爷爷:"晓刚,你能教一下我和奶奶如何使用微信吗?"

晓刚:"当然可以,要使用微信,首先要在您手机上下载安装微信客户端。"

王奶奶:"我们已经下载好了,之前你教过我们下载软件,可是没教如何使用。"

晓刚:"好的,爷爷奶奶,那下面我就教你们如何使用微信吧。"

(一)微信注册

使用者要想正常使用微信,必须先注册微信。注册微信步骤如下:

1. 在手机上找到微信图标(图3-1),点击进入首页,微信页面出来后,点击右下角注册(图3-2)。在注册页面输入微信昵称、手机号和密码,昵称右边的相机标志可以设置头像,头像也可以在微信注册完成

图3-1 微信图标

后设置,勾选"已阅读并同意微信软件许可及服务协议",最后点击"注册(图 3-3)。

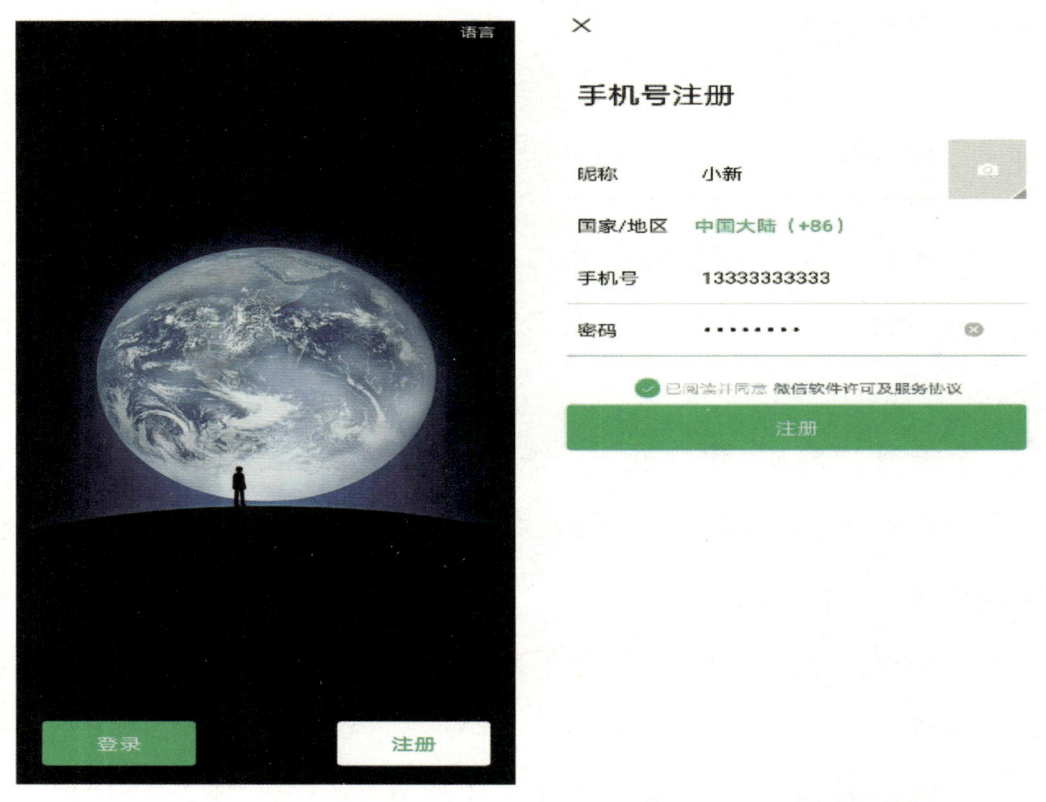

图 3-2　微信注册页面　　　　图 3-3　手机号注册页面

2. 点击"注册"后手机会跳出来权限请求,由于微信添加好友、身份验证和更换头像等操作涉及软件访问手机上的通讯录和图片等权限。后续注册步骤会继续跳出权限请求,在这里建议全部选择"始终允许"(图 3-4)。

3. 完成以上操作之后,会继续跳出"微信隐私保护指引"页面,里面有关于微信涉及图片、文件及通讯里等个人隐私方面的内容,也有一些微信基本功能的使用方法,勾选"我已阅读并同意上述条款",然后点云"下一步"(图 3-5)。

第三章　生活与娱乐

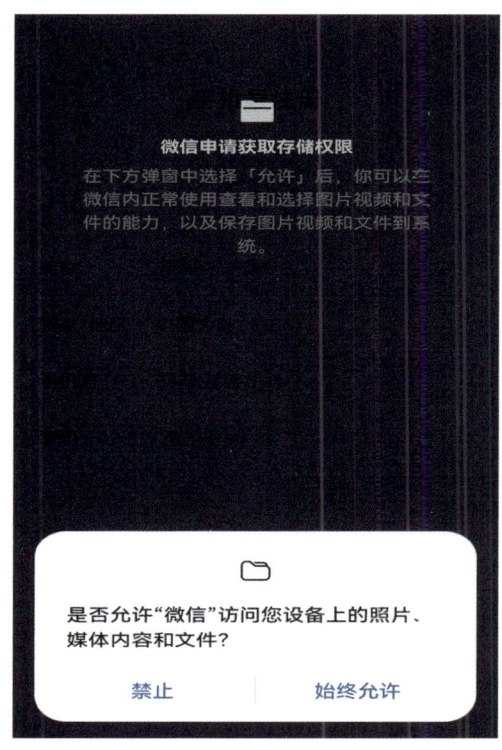

图 3-4　权限请求页面　　　　图 3-5　微信隐私保护指引页面

4. 点击"下一步"后，微信会请求获取手机电话权限以便发送验证短信，这里点击"始终允许"以便进行下面的步骤，微信获取电话权限后会有安全验证，拖动下图中的蓝色按钮，使滑动的拼图碎片滑至图片缺口处使拼图完整（图 3-6）。

5. 完成拼图后，系统会提示短信发送相应的内容至对应的号码，图示是发送"zc46"至"10690329 0212367"，此步点击"发送短信"按钮（图 3-7），

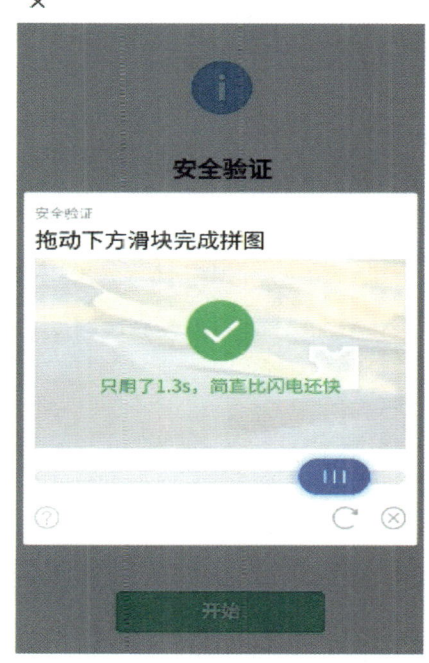

图 3-6　验证完成页面

53

系统会自动编辑短信内容和接收号码,在短信编辑页面直接点击发送即可。

6. 短信发送成功后,重新返回微信,点击页面的"已发送短信,下一步"(图3-7),经过几秒钟的验证之后,微信就会提示注册成功。点击"完成注册"就能进入微信欢迎页,然后一直左滑就能进入微信主页面(图3-8),这样几个步骤下来,微信注册就完成啦。

图3-7 发送短信显示页面　　图3-8 微信主页面

(二) 更换微信头像

微信注册完成后,第一件事情当然是给自己换一个符合气质的微信头像了。微信头像是除了微信昵称外给人第一印象的东西,所以头像很重要。那么怎么更换头像呢?

1. 进入微信,点击右下角的""图标,进入"我"页面,在本书中即是"小新"(图 3-9),然后点击最上方的昵称区域,进入个人信息页面(图 3-10)。

图 3-9　头像页面　　　　图 3-10　个人信息页面

2. 在个人信息页面可看到有头像,二维码名片微信号、地址等个人信息,只需要点击头像的空白区域可直接访问手机图库更换头像,选中想要作为头像的图片(图 3-11)。拖动图片可以调整头像显示的区域,也可以点击" "旋转照片以获得更好的角度,最后点击确定(图 3-12)。

3. 等头像上传成功后,你的微信头像就变成自己想要的新头像啦(图 3-13)。

图 3-11　挑选头像页面

图 3-12　确定头像页面

（三）添加微信好友

微信注册后，需要添加亲朋好友的微信为好友才能随时随地和他们聊天，一般添加好友有手机号添加、手机通讯录添加、扫二维码名片添加、微信号添加、微信关联的 QQ 号搜索后添加、雷达添加、群聊添加、他人分享名片添加等八种方式。最常见的就是前三种添加方式，下面分别介绍一下。

1. 搜索对方手机号添加好友。首先，点击微信首页右上角的""图标，会出现通讯录页面（图3-14），点击"添加朋友"（图3-15）。

图 3-13　新头像页面

第三章 生活与娱乐

图 3-14 通讯录页面　　　　图 3-15 添加朋友页面

其次,在搜索框内输入对方的手机号,点击下方的搜索(图 3-16),就会出现被添加人的微信信息(图 3-17)。

图 3-16 搜索手机号页面　　　图 3-17 被添加人信息页面

最后，点击"添加到通讯录"。添加时，会出现两种情况。一种是对方在隐私设置中设置了"加我为朋友时需要验证"，则需要给对方发送验证信息，待对方同意后才能成功添加好友（图 3-18）。另一种则是对方在隐私设置中未设置"加我为朋友时需要验证"，则直接成功添加好友（图 3-19）。

图 3-18 申请添加好友页面　　图 3-19 成功添加好友页面

在这里，为了提高添加好友的成功率，可以在"发送好友申请"的输入框中输入自己的信息，也可以在"设置备注"的输入框中输入对方和自己的关系或者自己对对方常用的称呼，这样就可以知道对方在现实世界中的身份了，方便互相联系。

除此之外，在"设置朋友权限"处，一般建议勾选"聊天、朋友圈、微信运动等",这样就能互相看到朋友圈内容、微信运动等方面的信息。如果勾选"仅聊天",那么则无法在朋友圈里看到对方发的朋友圈和微信运动等信息,只能用来日常聊天,如果想看对方朋友圈只能通过对方个人信息访问对方朋友圈才行。

2. 通过手机通讯录添加。通过手机通讯录添加好友主要是添加对方手机号已经存在在手机通讯录里而且对方没有屏蔽手机号添加方式的人。步骤如下:

首先,点击微信主页面右上角的""图标,进入添加朋友页面,点击手机联系人(图3-20)或者在微信通讯录页面点击"新的朋友"后进入页面点击"添加手机联系人"(图3-21)。

图3-20 添加朋友页面

图3-21 添加手机联系人页面

其次,点击"添加手机联系人"后,微信会申请访问您的通讯录权限,点击"允许"(点击"禁止"则微信无法访问您的手机通讯录,也就无法通过手机通讯录添加好友),然后就会显示您的手机通讯录列表(图3-22)。手机通讯录中的联系人有两个名称,大字是对方在您手机通讯录的备注,小字是对方手机号注册的微信昵称。

最后,找到要添加的朋友,点击右侧"添加"(图3-22),则会进入发送验证请求页面(图3-18),后续就能按照前面的步骤添加好友了。

3. 通过二维码添加。要想通过二维码添加好友,必须要找到二维码。那么怎么找到二维码呢?首先,打开微信后点击微信下方的"我"图标(图3-9),然后点击头像区域进入个人信息页面(图3-10)。紧接着,点击个人信息页面中的"二维码名片",这样,二维码名片就出来了(图3-23),对方就能通过扫一扫您的二维码添加您为好友了。

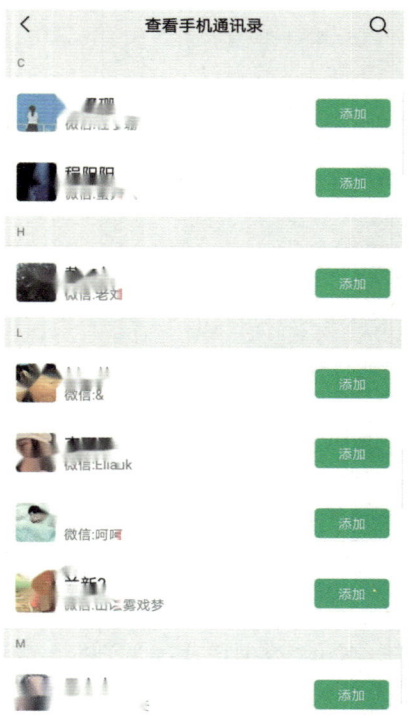

图3-22　手机通讯录列表

图3-23　二维码名片页面

当然，对方可以通过相同步骤调出自己的二维码名片，您就可以通过扫描对方的二维码添加对方为好友。添加方法如下：

首先，待对方打开其本人的二维码之后，您可通过点击自己微信主页面的"⊕"图标后，点击"扫一扫"，或者在"发现"页面点击"扫一扫"（图3-24），扫描对方二维码，扫描后会出现对方的微信信息，接下来的添加方式同上。

特别说明，如果想限制别人添加自己，可以通过"我"页面中"设置"—"隐私"—"添加我的方式"设置（图3-25），点击右边按钮，按钮变灰其他人就无法通过此种方式添加您（图3-26）。例如点击"微信号"和"手机号"后，其他人就无法再通过微信号和手机号搜索您的信息和添加您为好友，如果想恢复此功能，点击按钮变绿即可。

图3-24 发现页面

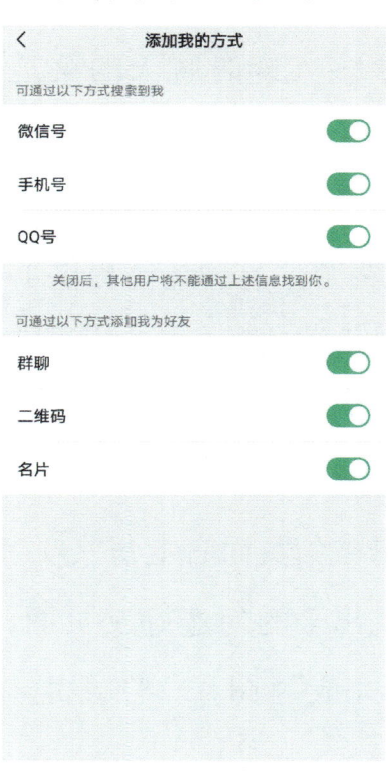

图3-25 添加我的方式页面

除了上述几种添加好友的方法外,还有两种常用的添加方式分别是通过好友分享的名片添加第三人或者通过群聊方式添加好友,后续会在聊天功能和群聊功能中加以说明。

(四) 群聊

微信群聊作为多人聊天的一种方式,已经成为微信功能必不可少的一部分,群聊可以为家庭、家族、好友、同学、同事等群体提供一个多人即时聊天的渠道,微信群聊不但可以通过文字聊天,

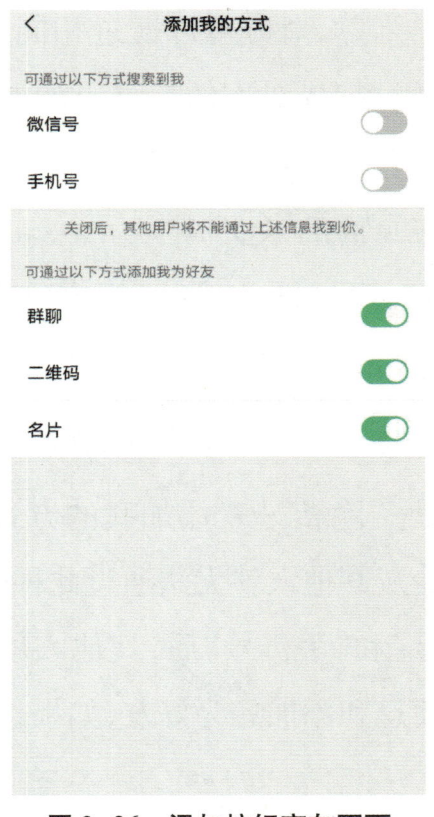

图 3-26　添加按钮变灰页面

也能通过群视频、群语音等方式实现多人面对面交流,群里"抢红包"也为节假日和休闲提供了一个新的方式,下面就介绍一下如何创建微信群或者加入微信群聊。

1. 创建微信群。所谓"群聊",顾名思义属于多人聊天,创建微信群聊要求至少三人及以上人数,否则就失去了群聊的意义。首先点击微信页面右上角"➕"图标,选择"发起群聊"(图3-27),然后在跳出来的勾选好友页面,勾选想要加进群聊的好友后点击右下角"完成"(图3-28),这样微信群就建好了(图3-29)。

第三章　生活与娱乐

图 3-27 "发起群聊"页面　　　　　图 3-28 勾选好友页面

图 3-29 完成建群页面

如果碰到朋友、同学聚会等想临时建群,但是微信通讯录里面并没有某些朋友或者同学的情况怎么办呢?这时可以选择面对面建群的方式,把身边想入群但是又非对方微信好友的朋友聚集到同一个微信群里。同上文一样,选择发起群聊,在发起群聊页面选择"面对面建群",然后输入四个数字后在跳出来的页面点击"进入该群"(图3-30)。紧接着把自己输入的四个数字告诉身边想要入群的朋友,当其他人通过面对面建群输

图3-30 "进入该群"页面

入同样的数字之后,那么他们和你就能进入同一个群聊了。群聊建好后,在微信群的成员就能实现多人聊天了。

2. 群成员管理。群聊建好后,有些好友可能需要进入群聊,这时就需要我们知道如何邀请好友进群(即"拉人进群"),有时候群成员发言不当或者违反群规的时候,作为群主或者群管理员也需要把群成员移出群聊(即"踢人")。下面就介绍一下常用的拉人进群和作为群主或者群管理员踢人的方法。

(1)拉人进群。首先要进入群聊页面,点击右上角"…"(图3-31),在聊天信息页面点击群成员最后面的"+"(图3-32)。然后在选择联系人页面勾选想拉进群的好友,点击右下角的"完成"就行了。这里说明一下,如果所在群聊群主设置了"群聊邀请确认",或者被邀请的好友设置了"进群需要我同意",需要等群主同

意或者被邀请好友本人同意后被邀请好友才能成功加入该群聊（图3-33）。如果邀请了错误的好友进入了群聊，在群聊页面点击"撤销"就能把该好友移出群聊了。注意：在微信群的聊天信息页面可以通过点击群成员的头像添加对方为好友，如果有需求可以试一下这种添加好友的方式。

（2）扫码进群。当你没有想邀请进群的人的微信好友时，或者你想邀请另一个群里的人加入其他群聊时，这时就可以通过让其他人扫描群二维码进入该群，那么怎么调出群二维码呢？首先点击群聊页面右上角"…"（图3-31），然后在聊天信息页面选择"群二维码"（图3-32），这时就会生成一个临时二维码（图3-34），这时让其他人扫描这个二维码就能邀请扫码的人进入这个群聊了。

图3-31　群聊页面

图3-32　聊天信息页面

图 3-33　成功加入群聊页面

图 3-34　群二维码名片页面

如果是邀请其他群里的人进入该群时,在群二维码名片页面点击右上角"…"然后选择"保存到手机"(图 3-35)后通过聊天将图片发送到其他群或者通过截屏的方式将二维码页面截图后发送到其他群里,让其他人扫描二维码图片就可以进群了,特别说明群二维码的有效期只有 7 天,7 天后想通过扫码方式邀请别人进群需要重新生成二维码。

(3)将群成员移出群聊。当微信

图 3-35　保存群二维码页面

群聊时有人发生争执或者散布一些不当言论,如果作为一个群管理员,就有义务维护群内的和谐,这时可能需要将一些人移出群聊,那么该怎么做呢?

首先,移出群聊需要自己是微信群主或者微信群管理员,在群聊页面点击右上角"…"(图3-31)进入聊天信息页面,在群成员最后面点击"-"(图3-32)。紧接着,在聊天成员页面勾选想移出群的成员后点击右上角的"删除"(图3-36),就能把选中的成员移出当前群聊了(图3-37)。

图3-36 挑选移出成员页面

图3-37 成员被移出群聊页面

(4)将微信群保存到通讯录。有时候常常不小心会删除聊天群的聊天记录,如果没有事先将微信群保存到通讯录的话,在其他群成员没有在微信群发送信息的情况下,就无法再次找到这个微信群。为了避免此种情况发生,建议将比较常用或者比较重要的群保存到通讯录,这样可以通过点击微信下方的"![通讯录]"图标,在群聊里找到删掉的微信群。将微信群保存到通讯录的方法如下:

首先点击群聊页面右上角"…",然后点击保存到通讯录,按钮变绿即保存成功(图3-38)。

图3-38 保存页面

(五)微信聊天

学习完好友添加和微信加群后,就能使用微信最主要的功能——面对面即时通讯了。下面就介绍一下如何与微信好友聊天和如何在微信群里聊天。

1. 与微信好友聊天。具体包括文字聊天、语音聊天、视频聊天、图片或视频聊天等。

(1)文字聊天。当微信注册完成并添加了好友后,我们经常需要与好友聊天或者分享一些所见所闻,那么怎么与微信好友聊天呢?首先进入与好友的聊天页面。进入好友聊天页面有三种方法:一是在微信页面直接点击好友进入聊天页面(图3-39),这种情况适用于与该好友最近有聊天信息或者新近添加的好友存在于微信页面时,点击该好友之后即进入与好友的聊天页面(图3-40)。二是点击微信页面右上角的"🔍"图标打开搜索框,在搜索框输入微信好友昵称或者备注来查找好友(图3-41),然后直接点击好友头像进入聊天页面。三是在通讯录页面(点击微信页面下方""图标,图3-42),通过上下滑动或页面右侧字母快速定位好友大概位置,找到好友后点击好友头像,然后点击"发消息"或者"音视频通话"来选择聊天方式。

图3-39　微信页面　　　　　图3-40　聊天页面

打开好友聊天框后,就可以与好友进行文字聊天了,在输入框输入想要发送的话后,点击输入框右侧的发送,对方就能收到你发送的文字信息了(图3-43)。通过点击聊天输入框右侧的"😊"图标可以选择聊天表情(图3-43)。当对方给你回复后,微信页面会有未读消息数量提示,点击相应的对话框就能阅读消息了(图3-44)。

老年智慧科技生活

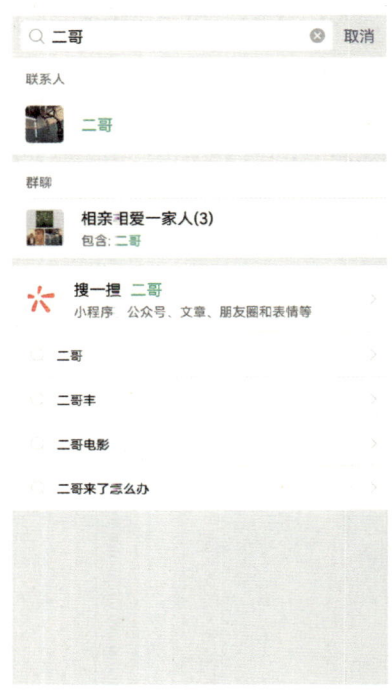

图 3-41　搜索查找好友页面

图 3-42　通讯录页面

图 3-43　发送消息页面

图 3-44　未读消息提示页面

对于广大老年朋友来说，打字存在一定的困难，那么可以点击聊天页面下方输入框右侧的"⊕"图标，然后选择语音输入（图3-45）后按住下方"🎤"图标，说话完成后松开，然后系统就会把说话的内容转变为文字（图3-46），相较于手动打字方便而且速度快了很多，语音转变成文字后，没有问题就可以点击发送将消息发送出去了。

图3-45　选择语音输入页面　　图3-46　语音转文字页面

如果语音识别文字不准确怎么办呢？点击识别后的文字（图3-47），可以移动光标手动编辑识别不准确的文字后，点击右下角的发送按钮发送消息。

语音输入支持普通话输入、粤语输入和英语输入，可以在语音输入页面进行选择（图3-48）。

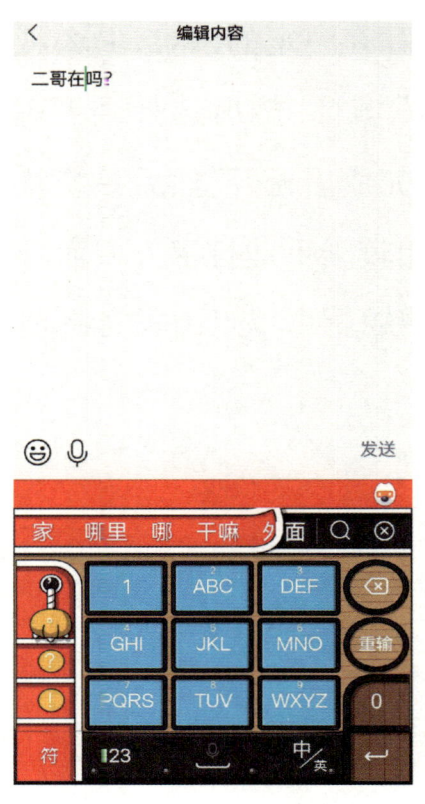
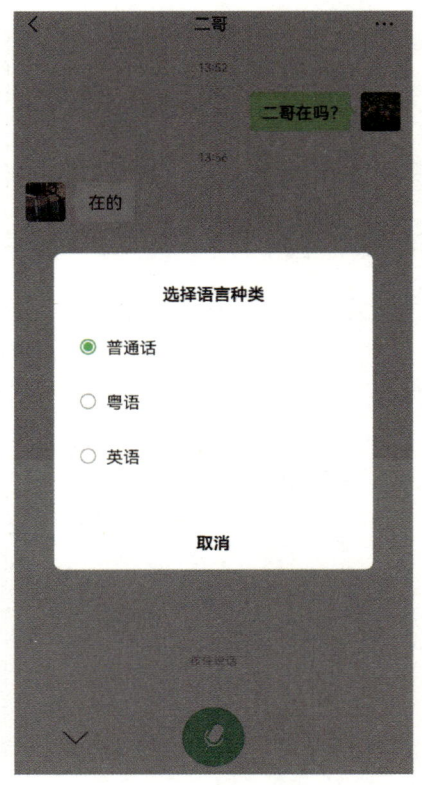

图 3-47　编辑识别不准确的文字页面　　图 3-48　选择输入语言页面

（2）语音聊天。首先点击聊天框左侧的"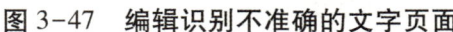"图标（图 3-43），点击后聊天输入框会变成"按住说话"四个字（图 3-49）。

然后按住"按住说话"按钮就能说话了（图 3-50），注意说话的过程中不要松开，不然语音就会中断，松开按钮后，刚才说的话就会以语音的方式发送给朋友了（图 3-51）。

对方给你回复的语音，可以点击对方发的语音来播放（图 3-52），音量大小可以通过手机本身的音量键调节，长按接到的语音还可以来选择切换，可通过手机听筒还是通过扬声器来播放语音（图 3-53），如果不方便听语音还能把语音转变为文字（仅支持转换普通话，方言等可能不准确）（图 3-54）。

第三章 生活与娱乐

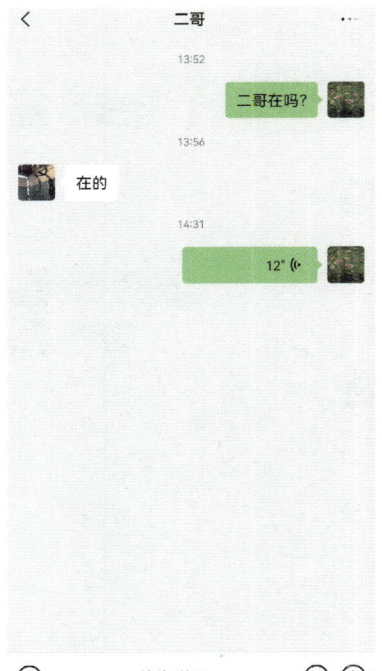

图 3-49 "按住说话"页面

图 3-50 发送语音进行页面

图 3-51 发送语音完成页面

图 3-52 播放语音页面

图 3-53　选择语音播放方式页面　　图 3-54　语音转为文字页面

（3）视频聊天和语音通话聊天。首先，打开好友的聊天页面，点击聊天输入框右侧的"⊕"图标，点击"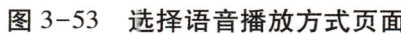"，然后在下方选择"视频通话"或者"语音通话"（图 3-55）。

然后，等待对方接听（图 3-56）。最后，对方接听后，两个人就能通过视频或者语音的方式聊天了，语音通话和视频通话呼叫接听方式类似，这里不再叙述。

注意：视频呼出或者呼入以及接通后，都可以点击页面的切换语音通话来切换为语音通话，但是语音呼出呼入及接听后，无法切换为视频通话。所以，视频通话切换为语音通话后想再次视频通话或者语音通话时想切换为视频通话，都需要挂断当前通话重新以视频通话的方式接通。

第三章 生活与娱乐

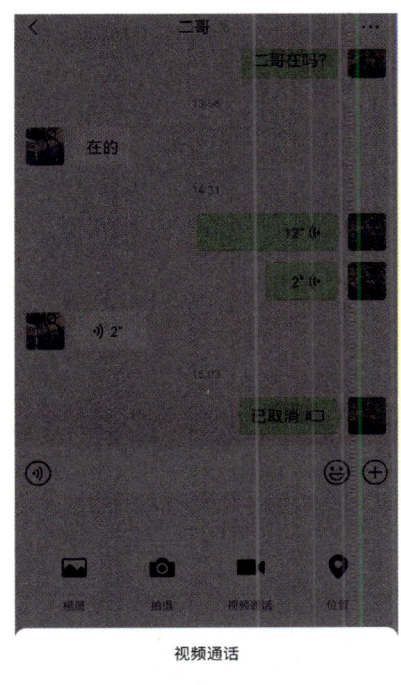

图 3-55 选择通话方式页面

图 3-56 等待对方接听页面

（4）向好友发送图片或视频。发送视频或者照片有两种方式，第一种就是现拍视频或照片发送，第二种是发送手机内保存的照片或视频。

当发送现拍视频或照片，这种方式适合用来分享眼前的场景。首先，同聊天一样，打开对方聊天框，点击输入框右边的"➕"图标选择"📷"图标（图3-57）打开微信中的相机（图3-58）。

打开相机后，页面会有提示，长按拍照按钮就可以录制视频，轻点按钮可以拍照，同样的通过右上角的"📷"图标可以切换前后摄像头，拍好视频或者照片后，可以通过下方一排按钮对照片或者视频进行简单的编辑（图3-59），拍好视频或照片后点击右下角"完成"就可以将视频或照片发送给好友了（图3-60）。

75

图 3-57　视频接通页面

图 3-58　相机打开页面

图 3-59　拍摄完成页面

图 3-60　发送给好友页面

通过微信直接拍照或者录制视频所发送的照片或视频分辨率不高,如果需要发送分辨率较高的图片或者视频时,可以通过第二种方式发送,那就是用手机相机拍好照片或视频后再通过微信发送。首先同样打开聊天框点击"⊕",选择""图标进入手机相册,勾选想要发送的图片和视频(图3-61),勾选完成后点击右上角"发送"向好友发出图片和视频。

通过图3-61左上角的"图片和视频",可以选择想要发送图片或视频所在的手机相册,如果对照片视频质量要求比较高,需要勾选页面最下方中间的"原图",这样就可以向好友发送分辨率较高的视频和照片了。需要注意的是每次最多只能发送9张图片或视频,如果想发的图片或视频数量大于9则需要先发送9张后再次勾选其他照片或视频发送。

微信聊天常用的方法,除上述之外,还有发送位置和共享当前位置、发送文件、向好友发送自己其他微信好友名片让对方添加、发红包、转账,等等功能,通过点击与好友的聊天页面的"⊕"图标后都可以找到以上功能,等闲来无事时,可以自己摸索一下,发现更多微信功能。

2. 微信群聊天。微信群内聊天和与好友单独聊天方法基本相同,这里就讲一下不同的地方,微信群聊和与好友聊天的最大区别就是可以实现多人同时聊天。下面讲一下多人视频和语音通话。

首先,找到群聊的方式与找到好友的方式类似,唯一的不同就是微信的"通讯录"页面,在通讯录页面点击"群聊",在里面找到相应的微信群(图 3-62),这种方法找到微信群的前提是需要提前将微信群保存到通讯录(保存方法见微信群介绍章节)。

图 3-61　视频图片选择页面

图 3-62　选择相应微信群页面

进入相应微信群的聊天页面后,点击聊天框右侧"⊕",选择"📞"(图 3-63),勾选想要一起聊天的微信群成员后点击右上方"确定"(图 3-64)。

群语音时默认摄像头是关闭的(图 3-65),如果想群视频,可以在群语音接通后点击页面右下方的"▨"图标来控制摄像头的开或者关(图 3-66)。

第三章　生活与娱乐

图 3-63　选择"语音通话"页面

图 3-64　选定聊天群成员页面

图 3-65　微信群聊页面

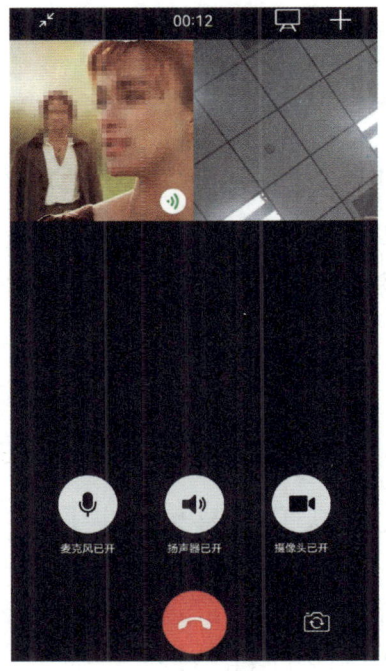

图 3-66　开启摄像头页面

注意：微信群聊过程中还可以通过点击右上角的"+"图标邀请新的好友加入群语音或视频。如果不小心退出群了语音或视频怎么办呢？不要急，到群聊页面，页面上方会显示"×人正在语音通话"（图3-67），点开后会显示正在参与语音通话人的头像，点击"加入"（图3-68）就可以加入群语音了。

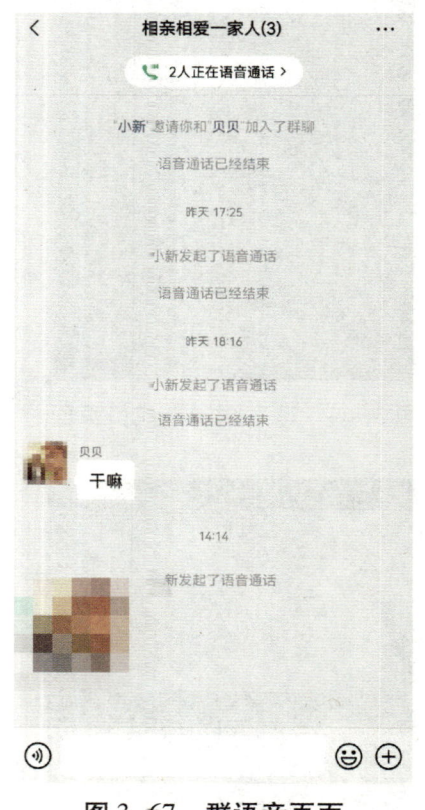

图3-67　群语音页面

图3-68　加入群语音页面

3. 发红包。微信红包作为各种节日祝福的一种渠道，已经越来越受到人们的喜爱，过年、生日等节日活动抢红包已经成为越来越多人必不可少的娱乐环节。发红包功能在微信好友聊天和微信群都有，针对微信好友只能对其本人发红包，发红包的方式与微信群发红包类似，这里不再赘述，那么怎么在微信群里发红包呢？

首先，到微信群聊页面，选择"🧧"图标打开发红包页面，左上角默认是拼手气红包，这个用到的最多。群成员凭手气抢红包，娱乐性质比较大。红包类别中还有普通红包和专属红包可选（图3-69）。普通红包是每人金额一样，这种可用于平均分配红包；专属红包是指定某一个群成员接收，这种情况适用于微信给某人转款但是和对方又不是微信好友的情况。在"红包个数"中填写红包个数，最大为100个，"总金额"里填写金额，最大金额为200元。注意如果是普通红包金额填写的是单个红包

图3-69 红包类型选择页面

金额，可不要填错了哟。红包下面可以编辑红包祝福或者用处，默认是"恭喜发财，大吉大利"，然后点击"塞钱进红包"支付就行了。

发红包的前提是需要开通微信钱包功能。具体开通方式：通过微信"我"页面→"支付"→"钱包"→"身份信息"进行实名认证并绑定银行卡开通。开通微信钱包后，可以通过微信进行收付款，需要注意的是资金往来有风险，转账需谨慎。

此外，微信朋友圈也是微信很重要的一项功能，作为分享生活见闻的一种方式，朋友圈已经成为几乎最常见的手段，微信好友们可以通过朋友圈点赞、评论等功能与好友互动，而"打卡"也成为一

种生活新风尚。作为微信聊天功能之外的最重要的功能,各位"老朋友们"可以自己探索朋友圈的玩法,你会发现不一样的世界。还有比较重要的微信收付款,功能可以在"⊕"—收付款或者"⊕"—扫一扫等来设置微信购物付款或者收钱功能。随着功能越来越多,微信与QQ的功能越来越类似和同质化,但是微信本质上还是一款为了即时通信而存在的软件。随着功能的完善,微信也越来越人性化,例如微信最新推出的关怀模式,就在视觉上照顾了广大老年朋友。关怀模式可以通过"我"→设置→关怀模式,找到之后点击开启关怀模式,关怀模式让微信字体显得更大更清晰。

微信作为国内主流的聊天软件,已逐渐替代了非官方非正式场合的电话交流,成为越来越多人的交流方式,希望广大老年人朋友通过此文能快速学习如何使用微信,闲暇时也可以自己摸索更多微信功能,平时通过微信多与家人联系沟通,安享幸福晚年。

二、QQ——每一天,乐在沟通

王奶奶这两天想和正在上大学的外孙女视频,聊天过程中,听到外孙女说,因为疫情的缘故,他们班级好多事情都是通过QQ群发布。王奶奶便对QQ产生了兴趣。周末,晓刚回到家,王奶奶便拿着手机来向晓刚请教了。

王奶奶:"晓刚,前两天和你表妹聊天,她好像提到了一个什么QQ,啥是QQ啊?"

晓刚:"奶奶,QQ也是一个软件,和微信差不多,不过在某些方面,比微信的功能更强大。以前微信没出现的时候,我们都是用 QQ。"

王奶奶:"原来如此,晓刚,奶奶也想学习下如何使用 QQ,和你们年轻人多些共同话题。"

晓刚:"奶奶,只要您想学习,我随时都能教。"

(一) 注册 QQ

相较于以前可以随意在腾讯官网申请 QQ 号,现在注册 QQ 号需要绑定一个手机号,首先在应用市场下载 QQ 软件(图 3-70),下载安装完成后打开 QQ(图 3-71),点击左下角"新用户",进入用户注册页面(图 3-72)。

图 3-70　QQ 图标

图 3-71　首次打开 QQ 页面

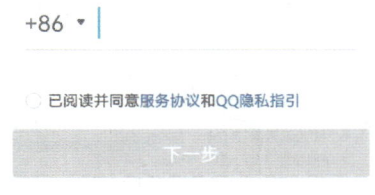

图 3-72　用户注册页面

输入自己注册QQ用的手机号,并勾选下方"已阅读并同意服务协议和QQ隐私指引"后点击"下一步",会跳出服务协议和隐私政策,这里可以简单阅读一下,点击"同意"(后面会有一部分页面需要请求获得一些权限,这里建议全部点允许,否则会造成某些功能不可用,图3-73)。

下一步,跳出安全验证页面,拖动按钮完成拼图(图3-74)。接下来会跳出人脸身份验证页面,需要输入自己的姓名和身份证号,这是国家对网络实名制的强制要求,所以必须输入。输入姓名和身份证号后,点击"下一步"(图3-75)。

接下来会跳出人脸识别页面,勾选"已阅读并同意QQ人脸识别服务协议",并点击"下一步"(图3-76)。

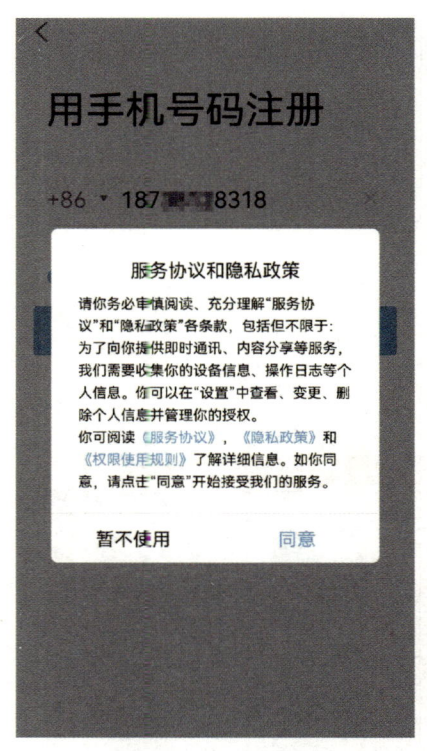

图3-73 服务协议和隐私指引页面

图3-74 安全验证页面

第三章 生活与娱乐

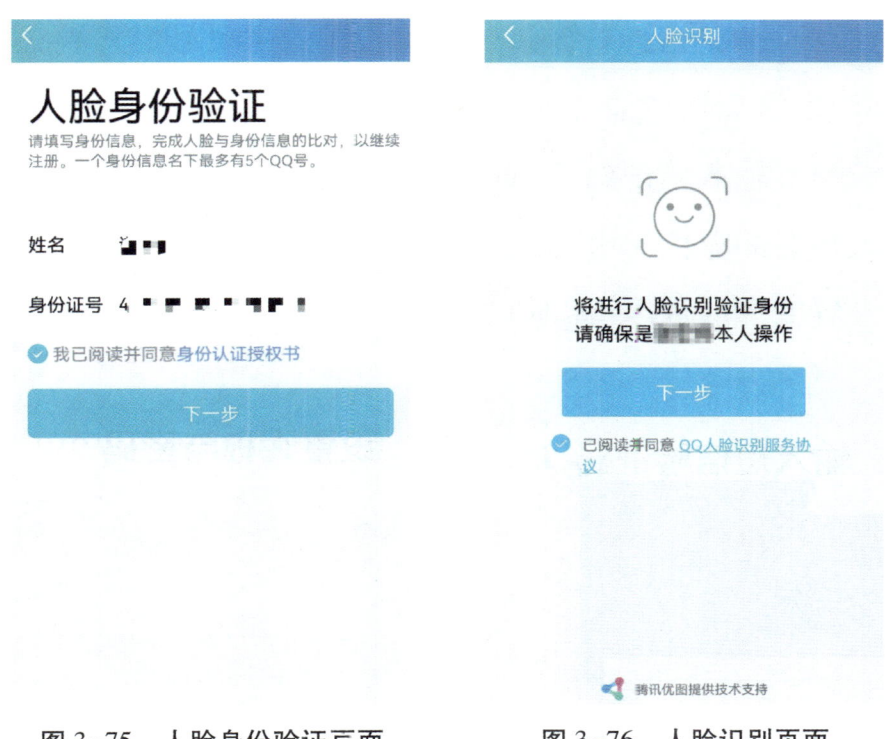

图 3-75 人脸身份验证页面　　图 3-76 人脸识别页面

接下来会弹出拍摄人脸页面,根据页面提示进行拍摄(图 3-77),等待人脸识别验证(图 3-78)。

图 3-77 拍摄人脸页面　　图 3-78 验证人脸界面

老年智慧科技生活

人脸验证成功后,系统会自动向注册的手机号发送验证码,可能会弹出发送短信申请,点击同意,然后在页面输入收到的验证码(图3-79)。输入验证码后,页面会自动跳转至设置昵称与密码页面,输入想要的昵称和密码,密码建议不要太简单且对自己要比较好记,设置完毕后点击"注册并登录"(图3-80)。

图3-79 输入短信验证码界面　　图3-80 设置昵称与密码页面

最后就登录到了QQ页面。首次登录QQ,系统会发送一些问候语和提示,比如QQ邮箱启用提示等(图3-81)。

(二)查看QQ号码

首次登录后最先需要做的就是查看自己的QQ号,方便后期添加朋友以及其他功能的使用。点击页面左上角的QQ图标和昵称,左上角除了自己的头像和昵称外还会显示当前自己QQ的状态,图为手机 QQ 连接 Wi-Fi 网络在线。点击头像后会跳出相关功能页面（图 3-82），再次点击上方头像区域来到个人资料页面（图 3-83）。此时，页面头像旁边 QQ 后面的一串数字就是自己的 QQ 号码了。

图 3-81　首次登录 QQ 页面　　　图 3-82　功能页面

（三）完善个人信息

首先，点击头像下方的"点击完善资料"来完善自己的资料（图 3-84）。

在编辑资料页面可以更换自己的头像、设置个性签名、编辑昵称、性别、生日、教育经历、职业、家乡、所在地、公司、邮箱和个人说明等（图 3-85、图 3-86）。这些内容点击相应的编辑框就能进行编辑或者选择。这里就不再一一讲解了，下面简单介绍一下更换头像。

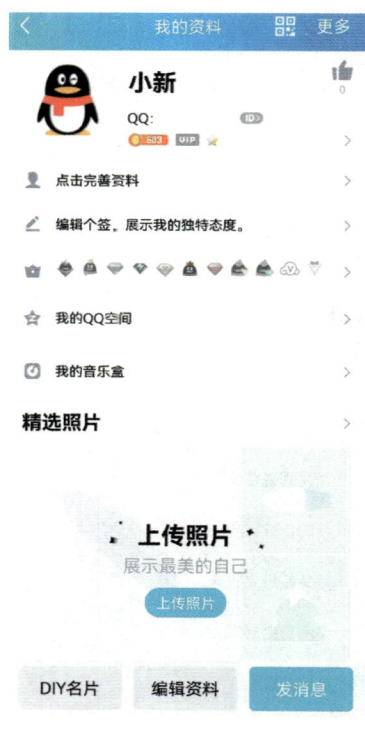

图 3-83　个人资料页面

图 3-84　编辑资料页面

图 3-85　生日设置页面

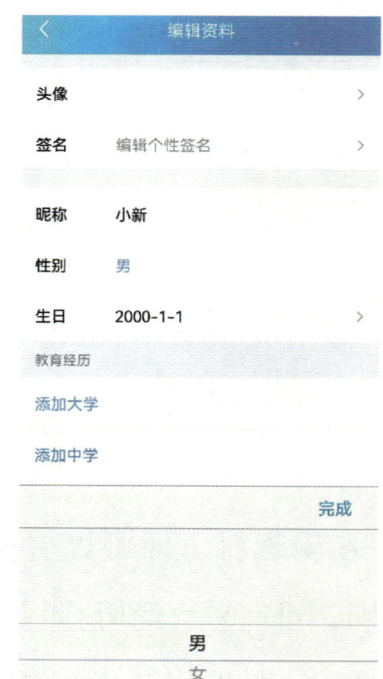

图 3-86　性别选择页面

点击编辑资料头像一行,进入更换头像页面(图 3-87),点击"从相册选择图片"来从手机相册里选择一张图片作为 QQ 头像(图 3-88)。

图 3-87　更换头像页面　　　　图 3-88　选择图片页面

点击图片后,可以手拖动或者两根手指进行缩放(图 3-89),点击右下角"完成"后,头像就更换完成了(图 3-90)。

(四) 添加好友

完善了自己的信息之后,就可以添加好友,添加好友必须知道对方的 QQ 号码或者 QQ 绑定的手机号,当然也可以将自己的 QQ 号告诉其他人让其他人加你为好友。

首先,点击消息页面右上角的"＋"图标,选择"加好友/群"(图 3-91),或者在联系人页面直接点击右上角"👤＋"图标,直接进入添加好友页面(图 3-92)。

老年智慧科技生活

图 3-89　调整图片页面

图 3-90　头像更换完成页面

图 3-91　添加"+"添加好友页面

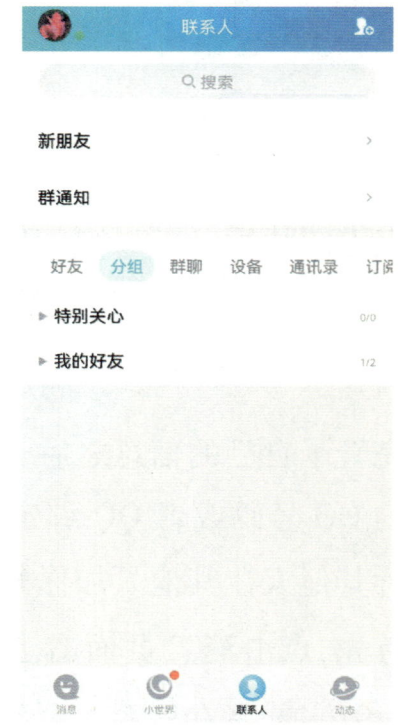

图 3-92　点击联系人添加好友页面

QQ 的页面可以通过点击下方图标切换。进入添加好友页面（图 3-93）后在页面上方输入好友的 QQ 号或者手机号后点击右侧搜索就可以查找到好友的 QQ 信息了（图 3-94）。

图 3-93　添加好友页面　　　图 3-94　搜索好友信息页面

页面中搜索好友信息出现了两条信息，一条是"查找人"，指的是所输入的 QQ 号个人用户；另一条是"查找群"，指的是你输入的 QQ 号同时也是这个群的群号。这里为了添加好友，点击上面"查找人"里用户头像右侧"添加"按钮直接添加好友，也可以点击用户头像先浏览该用户一些个人信息（图 3-95）。最后，点击信息页面下方的"加好友"按钮，则可添加该用户为好友（图 3-96）。

在添加好友页面可以填写验证信息，以便让对方知晓你的身份，来提高通过验证请求的概率。在设置备注和分组时，可以设置对方备注和对方通过验证后所在分组。分组选项默认只有"我的好友"，点击分组可以查看分组（图 3-97），并添加分组（图 3-98）。

图 3-95　查看用户基本信息

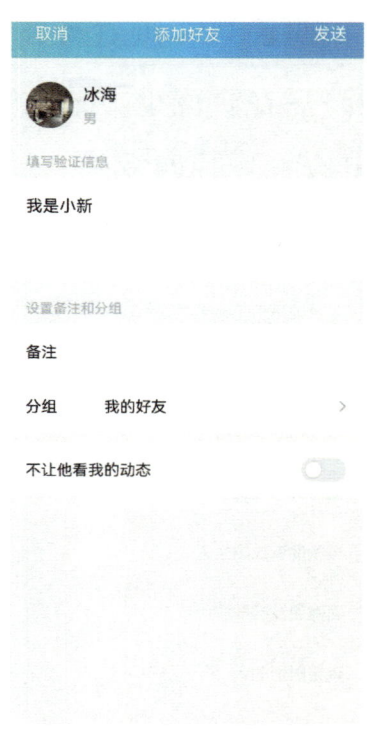

图 3-96　添加好友页面

图 3-97　查看分组页面

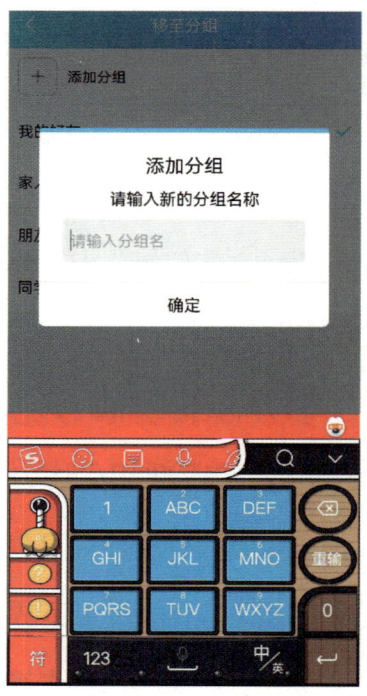

图 3-98　添加分组页面

第三章　生活与娱乐

此页面可以添加多个分组(图 3-99),添加分组后可以点击好友所在分组选择该分组,回到好友添加页面后,点击右上角"发送"(图 3-100)。

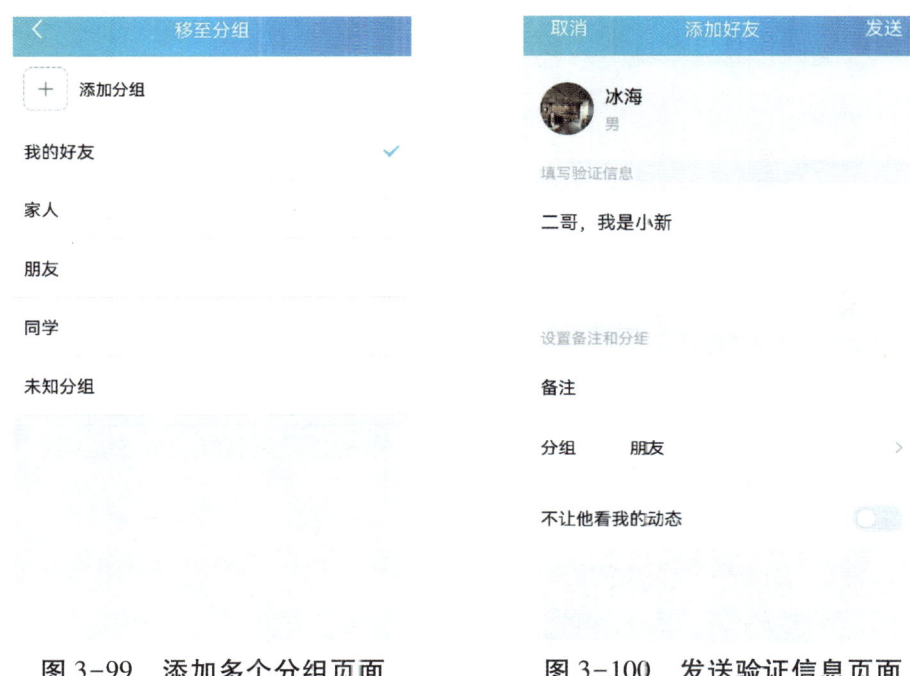

图 3-99　添加多个分组页面　　　图 3-100　发送验证信息页面

对方看到你的验证信息后,如果同意添加就能成为对方好友了,添加成功后就能在联系人页面的朋友分组找到该好友了(图 3-101)。

如果想将该好友移动到其他分组,可以在此处点击该好友,查看好友资料页,然后点击右上角"设置"(图 3-102),到设置页面(图 3-103)。

在好友设置页面,可以修改好友备注、设置分组、设置空间动态权限、设置特别关心、消息免打扰等功能。如果想将好友移动到新的分组,还可以在分组页面新建分组。新建分组也可以长按分组(图 3-104),点击弹出的分组管理进行新建(图 3-105)。

老年智慧科技生活

图 3-101　朋友分组页面

图 3-102　好友个人资料页面

图 3-103　好友个人设置页面

图 3-104　长按分组进行分组管理

在分组管理页面,既可以添加新的分组,也可以通过点击分组左侧红色"-"按钮删除分组,还可以拖动分组右侧"☰"按钮来进行分组排序。

上面的 QQ 好友添加是最基本的添加操作,还可以通过群聊、面对面、扫码等操作添加好友,其中二维码是相对比较方便的添加好友方式,这种方式省去了输入 QQ 号搜索的步骤。QQ 二维码可以通过点击右上角个人头像,然后点击头像右侧小二维码查看(图3-106)。其他人通过点击 QQ 主页右上角"",选择扫一扫,通过扫码就可以添加 QQ 好友了。当然,自己也可以扫描他人二维码进行添加好友操作。

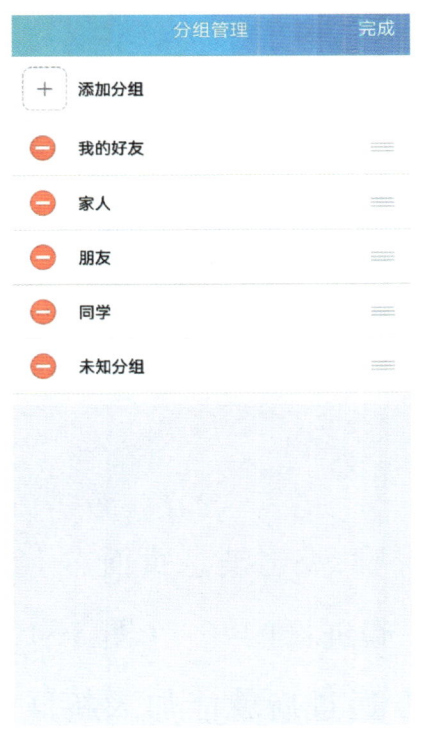

图 3-105　分组管理页面

图 3-106　查看自己账号二维码

老年智慧科技生活

如果有别的QQ用户添加你,添加消息可以在联系人页面最上方的"新朋友"栏里查看(图3-107),在好友通知里面有未验证的好友添加请求,如果是已知用户添加,可以直接点击"同意"通过对方好友请求。如果不想添加此人或者对此有疑问,还可以点击用户头像,查看好友申请后,进行回复询问或者点击"拒绝"拒绝添加该好友(图3-108)。

图3-107　查看好友申请页面

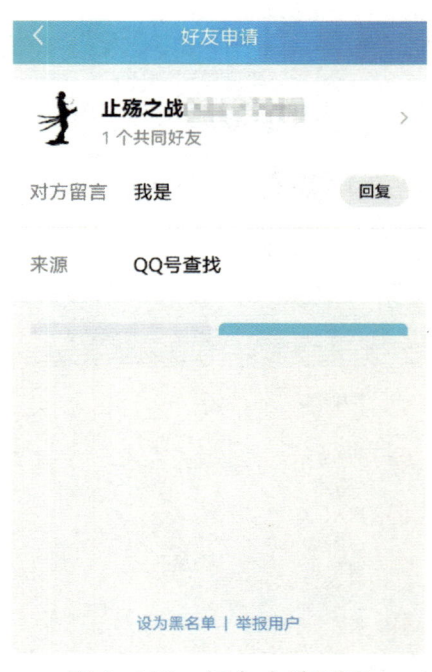
图3-108　好友申请页面

(五)创建新群和进群

1.创建新群。如果想创建一个群聊,点击消息页面右上角的"➕",选择创建群聊后,勾选想要一起进群的好友(图3-109),然后点击立即创建,等待邀请的好友通过后就能加入新群聊了(图3-110)。

第三章 生活与娱乐

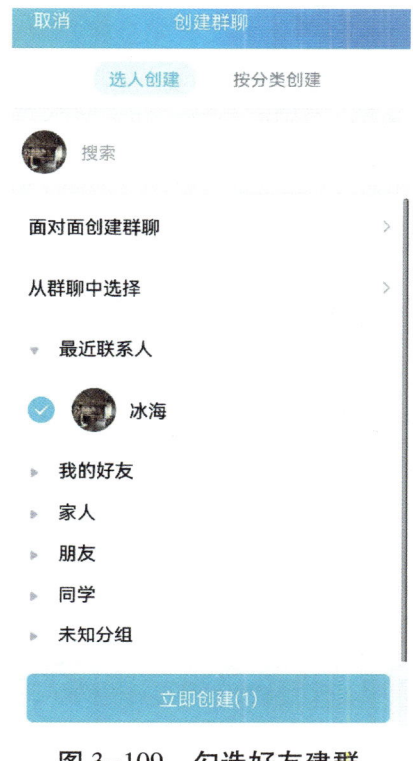

图 3-109 勾选好友建群

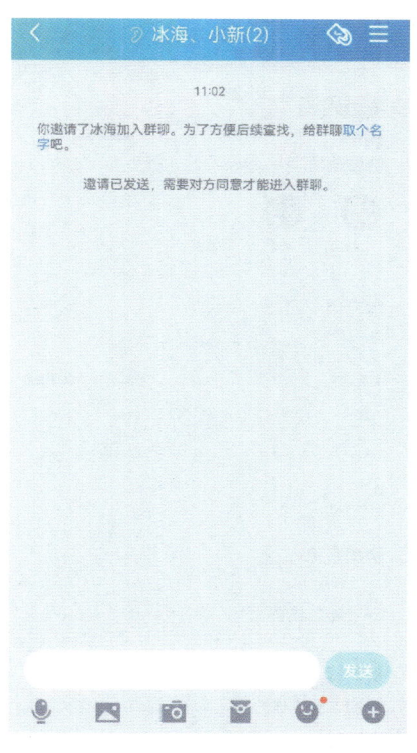

图 3-110 成功建群

在群聊里,点击右上角的"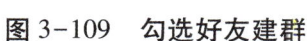"图标,可以进入群聊设置页面(图 3-111)。

在群聊设置页面,可以进行邀请新的好友进群、修改群备注、查看群二维码(扫码进群)、修改自己在群里的昵称、查看相册、上传照片进相册等操作,QQ 群聊功能比微信群更丰富,自己可以进一步探索更多的功能。

2. 申请进群。进群操作和好友搜索一样,可以通过搜索群号进群,也可以通过别人邀请进群,下面介绍如何申请加入群聊。首先打开好友添加页面,输入群号进行搜索,点击查找群目录下的群右侧"加入"(图 3-112)。输入个人介绍可增加验证通过概率,点击右上角"发送"(图 3-113)。等待群管理员通过审核后,就能加入群聊了。

图 3-111　群聊设置页面

图 3-112　搜索群号页面

（六）聊天

在添加好友和进入群聊后，就可以和好友或者在群里聊天了，QQ聊天和微信聊天方式大体相似，找到好友的方式和微信不太相同，除了在消息页面找到最近联系的好友外，QQ相比微信有分组功能，可以更快速地在相应的分组里找到好友（图3-114）。找到好友后点击好友进入好友资料页（图3-115）。

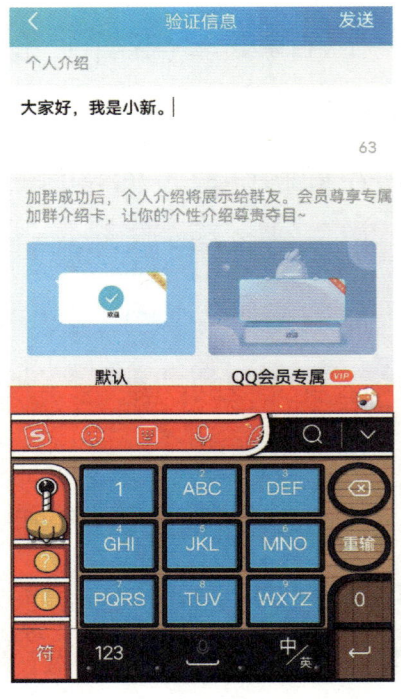

图 3-113　输入个人介绍页面

图 3-114　在分组里找到好友　　　图 3-115　打开好友资料页

点击下方音视频通话,可以选择进行语音或者视频通话(图 3-116),点击"发消息"可以进入聊天页面(图 3-117)。

图 3-116　音视频通话选择　　　图 3-117　聊天页面

如今随着生活节奏的加快,更多人习惯使用语音和视频通话方式聊天,点击"语音通话"或者"视频通话"邀请好友进行语音或者视频通话,等待对方接通后,就可以进行通话了(图3-118)。与微信不同的是,QQ的语音通话和视频通话,可以通过点击通话界面右上角的"☰"图标后点击弹出的摄像头的开关进行互相切换(图3-119)。

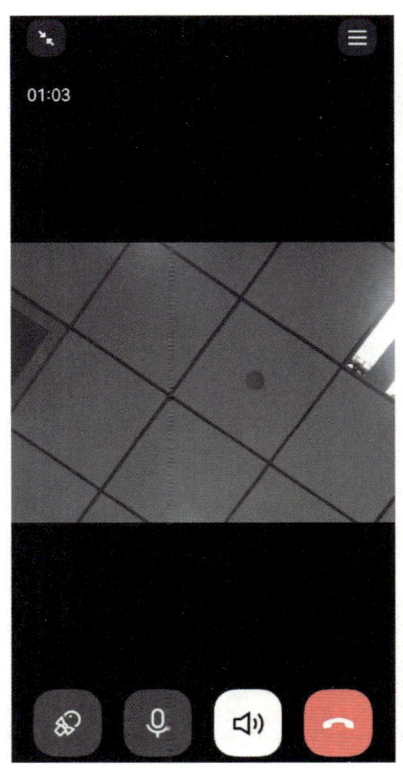

图3-118　视频通话界面

图3-119　点击摄像头进行音视频切换

与微信通话相比,QQ语音通话和视频通话时可以点击下方的"🎙"和"✨"图标进行变声和美颜,可玩性较微信更高。聊天时还可以根据页面图标进行更多选择,以后可以自己探索更多QQ聊天玩法。

第三章 生活与娱乐

除了语音通话和视频通话聊天，QQ 同样支持文字表情和语音聊天，可以通过发送文字和一段语音的方式进行聊天。文字聊天和微信一样不再赘述，语音聊天通过点击聊天框下方的"话筒"图标进行语音输入，同样是按住说话松开后发送（图 3-120），相较于微信这里语音播放时可以拖动进度条控制播放位置（图 3-121）。

图 3-120　QQ 语音消息发送页面　　图 3-121　播放语音页面

QQ 发送文件时，可以点击聊天框下方的图标选择发送文件类型："▨"表示发送手机相册的图片，"▨"表示发送红包，"▨"表示现场拍摄照片或视频发送，"☺"表示发送表情。还可以点击最右侧"➕"图标进行更多选择（图 3-122）。

QQ 聊天支持发送位置、文件（音视频、文档、压缩包等）、好友名片，还可以转账、一起听歌、送礼物，等等，比微信的玩法更多，期待大家慢慢发掘。

QQ 群聊和与好友私聊的方法类似，只不过视频和语音聊天的方式变成了多人聊天，在" ➕ "的选项里也多出了适应群聊的一些功能，比如匿名、坦白说、投票、群课堂，等等，但是大多数对于老年人来说并没有什么用。如果需要群视频或者群语音的时候，直接勾选想要一起聊天的群成员就可以了（图 3-123）。

图 3-122　QQ 聊天图标分类页面　　图 3-123　QQ 群聊的功能列表页面

（七）QQ 空间

1. 查看 QQ 空间动态。QQ 空间入口在 QQ 的"动态"页面最上方的"好友动态"（图 3-124），点击好友动态就能进入 QQ 空间（图 3-125）。

在 QQ 空间首页会看到 QQ 好友最近发表的一些说说、相册等更新，如果想与好友互动，可以点击好友动态下方相应的图标，给好友的动态点赞、评论等，这些图标比微信朋友圈更直观，而且 QQ 空间还支持直接转发好友动态（图 3-126）。

第三章　生活与娱乐

图 3-124　QQ 空间入口页面

图 3-125　QQ 空间页面

图 3-126　好友动态互动页面

2. 发表 QQ 空间动态。那么怎么发表空间动态呢？在 QQ 空间首页即好友动态页面，点击个人用户头像下方相应的"相册""说说"等可以进入相应动态的查看和编辑（图 3-127），也可以点击右上角的"➕"图标选择相应的选项（图 3-128），直接进入相应动态发表编辑。

103

 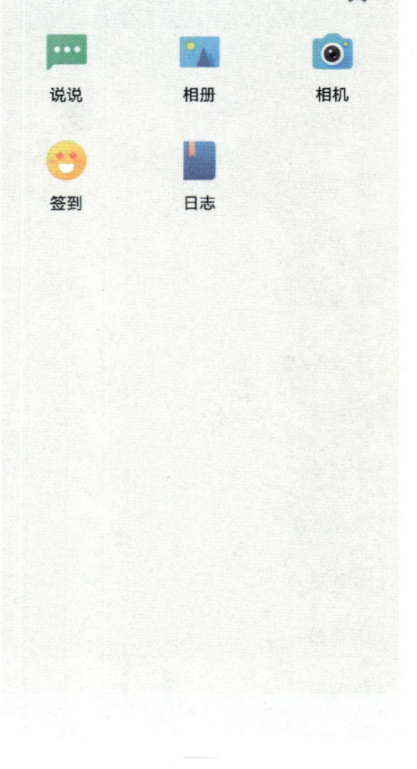

图 3-127　好友动态入口页面　　图 3-128　发表动态选项页面

以上传照片为例,很多人把 QQ 空间相册当作长期的网上照片存储地,只要 QQ 号码存在,QQ 空间里的照片就会一直存在,这样避免了手机损坏丢失等造成照片的连带丢失。点击右上角"＋"图标,选择相册,挑选想要上传到空间的照片(图 3-129),点击右下角"确定"来到相册选择页面(图 3-130)。

在相册选择页面,可以选择自己想要将照片上传到的相册,还可以点击"上传到",选择新建新的相册(图 3-131),可设置相册权限(哪些好友可以查看等),上传图片质量(高清、原图等)。还可以添加上传位置,完成后点击右上角"上传",就能将照片上传至相应相册了(图 3-132)。

第三章　生活与娱乐

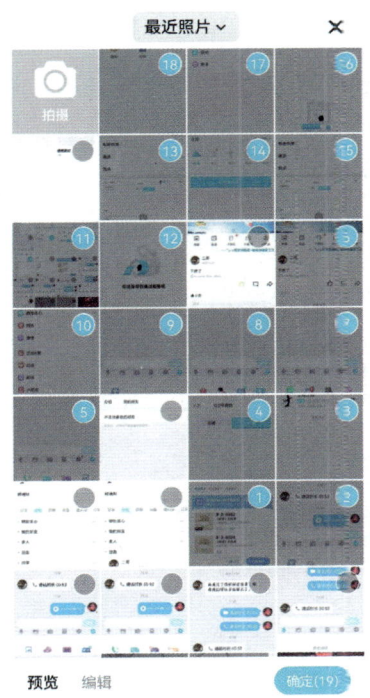

图 3-129　挑选照片页面

图 3-130　相册选择页面

图 3-131　新建相册页面

图 3-132　成功上传照片页面

照片上传成功后,符合权限的好友就能看到你的照片并和你互动了。QQ空间和微信朋友圈一样,如果有人与你互动,QQ空间入口会提示未读互动数量。照片上传过一段时间之后,在QQ空间首页可能就看不到了,这时想要再查看这些照片,可以通过点击QQ空间首页好友动态上方的"相册"来查看自己的QQ相册(图3-133)。QQ空间和手机自带相册类似,可以分相册查看照片,也可以点击照片以照片来查看。

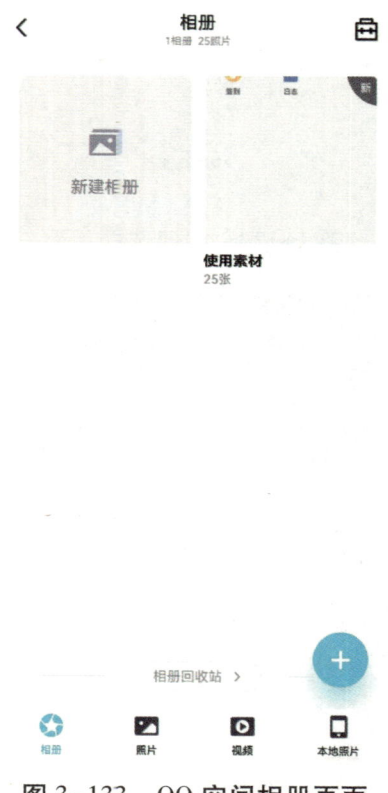

图3-133　QQ空间相册页面

图3-134　说说编辑页面

QQ空间的另一大功能就是"说说",用户可以通过这个功能分享自己的心情、感想、见闻,等等。点击QQ空间首页右上角"➕"图标,选择说说,来到说说编辑页面(图3-134),在编辑框编辑自己想说的话,还可以点击"照片/视频"来为说说添加配图或者视频(图3-135)。编辑好说说内容后点击右上角的"发表"就能将说说发表到QQ空间了(图3-136)。

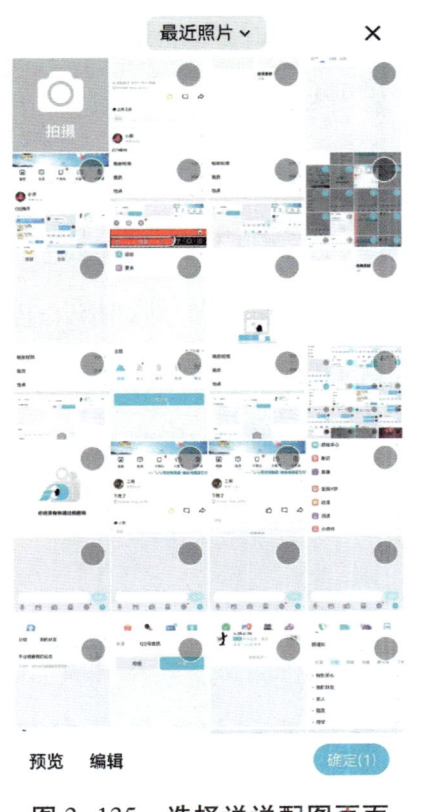

图3-135　选择说说配图页面

图3-136　说说发表成功页面

和微信一样,QQ还有很多其他功能需要自己摸索,作为一个已经存在20多年的通信软件,QQ陪伴了很多人的青年时光,也给生活带来了很多的便利。现如今越来越多的功能丰富着QQ和微信,人们可以通过即时通信软件聊天交友,浏览新闻,感受大千世界。虽然这些软件给人们的交流带来了无限便利,但是网络并非法外之地,一言一行还是要遵守国家法律法规,做到自律自制,在享受着它们带来的便利的同时也要约束自己的行为,做一名优秀的"老朋友"。

第二节 视听盛宴尽情享

随着移动互联网技术的发展,越来越多的手机客户端进入了大众视野。想看新闻资讯,有今日头条、腾讯新闻、新浪新闻等客户端可以选择;想听音乐,有QQ音乐、网易云音乐、酷狗音乐、酷我音乐等可以选择;想看视频,有腾讯视频、爱奇艺视频、优酷视频、搜狐视频可以选择;想听书,有喜马拉雅、蜻蜓FM、咪咕听书等可以选择。尽管不同的客户端界面、分类以及内容侧重点各有不同,但对于老年人而言,仍然可以选择适合自身的客户端来享受一场别开生面的视听盛宴。

一、今日头条——懂你的信息平台

自从学习了微信和QQ之后,李爷爷和王奶奶不仅用它们和女儿们聊天,偶尔还会和长时间不见面的老友聊天。在老友的建议下,老两口决定也要学习如何在网上看新闻资讯。以前,总是在报纸上看新闻,现在退休了,家里也没有订报纸的习惯,便想着咨询一下孙子如何在自己的手机上看新闻。

李爷爷:"晓刚,爷爷奶奶学习使用微信和QQ之后,想要啥时候找你姑姑们,就能和她们打个语音电话,节假日还能和她们视频,真不错。"

晓刚:"爷爷,您学会了就好。"

李爷爷:"晓刚,爷爷年轻时最喜欢看新闻。现在报纸都不太

第三章 生活与娱乐

多了,你能教爷爷怎么在手机上看新闻吗?"

晓刚:"没问题,爷爷。我现在就教您如何在今日头条上看新闻吧。"

(一)个性化浏览设置

如果只在今日头条上浏览新闻资讯是无须登录的,打开主界面后会看到很多分类。由于分类很多,大家可以设置自己感兴趣的浏览内容,步骤如下:

打开安装好的今日头条客户端(图3-137),会出现带有欢迎使用今日头条的界面,点击同意即可(图3-138)。

图3-137 今日头条图标

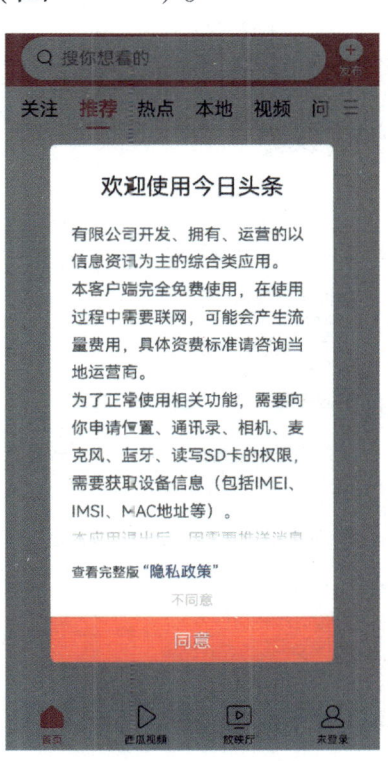

图3-138 同意使用界面

1.点击同意后,页面底端会出现一些权限的选择,分别为是否允许"今日头条"获取此设备的位置信息?是否允许"今日头条"访问您设备上的照片、媒体内容和文件?是否允许"今日头条"获取设备信息?如果您主要是用来浏览新闻资讯,建议选择禁止,这样"今日头条"就不能获取您手机上的相关信息了。

2. 接下来点击首页界面右上角的"☰"图标(图3-139),会出现我的频道,点击右上角编辑,会出现很多频道分类(图3-140),例如小说、视频、问答等内容,按照感兴趣的程度,可以重新排序。排序时只需长按对应的频道即可。例如喜欢美食、健康和历史,则可以长按美食拖到第一位,长按健康拖到第二位,长按历史拖到第三位。剩下的频道可以放任不管也可以点击对应频道右上角的"×"关掉,再点击完成(图3-141),最后点击左上角的"×",就回到了首页,首页上端就会依次出现美食、健康和历史,这样,个性化浏览界面就设置好了(图3-142)。

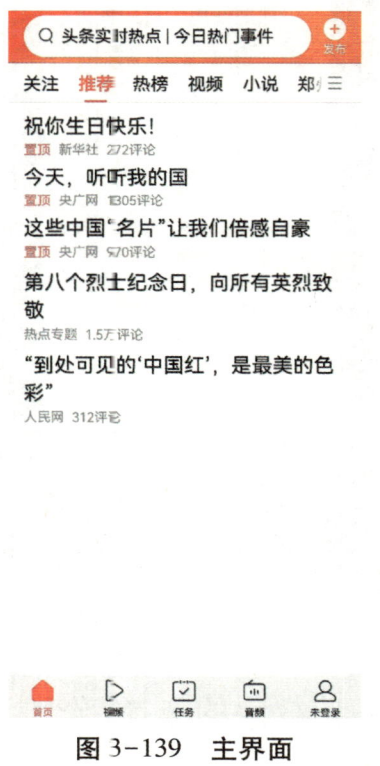

图3-139　主界面

图3-140　编辑界面

第三章　生活与娱乐

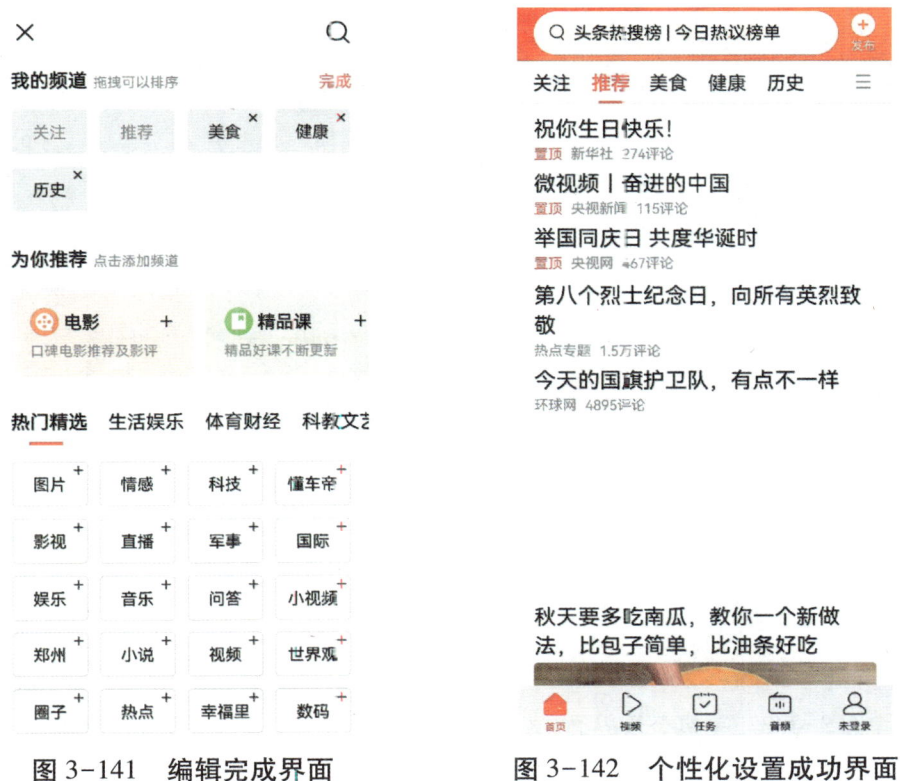

图 3-141　编辑完成界面　　　图 3-142　个性化设置成功界面

（二）登录和退出

要在今日头条上发布相关作品，必须先登录，下面来看一下操作步骤吧！

1. 进入今日头条主界面，点击右下角"未登录"（图 3-139），进入登录界面，点击登录二字，进入手机登录界面（图 3-143），输入手机号，勾选已阅读并同意"用户协议"和"隐私政策"，点击获取验证码。将收到的验证码输入，点击下一步即登录成功（图 3-144）。它会自动生成一个昵称，如图 3-144 中的"微笑奶茶 0Q"，昵称还可以自行修改。

2. 点击图 3-144 右上角的设置图标，下滑有"退出登录"四个字（图 3-145），点击即可退出。当然在此界面也可以设置字体大小、推送通知等内容。

老年智慧科技生活

图 3-143　手机登录界面

图 3-144　登录成功界面

图 3-145　退出登录界面

图 3-146　发布作品界面

112

（三）发布作品

登录之后,就可以发布相关作品了。进入今日头条主界面(图3-139),点击右上角发布,就会出现发布微头条和邀请你参与讨论两大板块(图3-146)。当要发布微头条时,点击本页面空白输入框,输入要发布的内容,点击发布即可。也可以选择下面的文章、问答、视频和参与相关直播进行发布,步骤都是一样的。当要参与讨论时,点击要讨论的话题,即可输入要发布的内容。

二、QQ音乐——畅享听觉盛宴

王奶奶年轻的时候,就很喜欢听一些经典影视歌曲,尤其是粤语歌曲。想想以前都是用磁带听,这些年磁带慢慢也消失了,连收音机都成老古董了,想听个歌曲,都是在电视上。但是上次视频,听外孙女说,手机也能听歌曲。虽然自己也知道,但是就是不知道在哪里听,便向晓刚询问。

王奶奶:"晓刚,奶奶想在手机上听歌曲,尤其是一些老歌曲,你能告诉奶奶怎么听吗?"

晓刚:"当然能,奶奶。上次您不是学习了腾讯QQ嘛,那这次咱们就学习QQ音乐吧。里面的歌曲挺多的,您试试。"

王奶奶:"好的,那我先下载QQ音乐,正好复习一下你之前教我的下载软件。"

晓刚:"好的,奶奶,您真棒!下载好我教您怎么使用。"

（一）非登录状态听歌

QQ音乐无论是否登录，都可以实现听歌功能。非登录状态下听歌曲的操作如下：

1. 在线听歌。首先，点击安装好的QQ音乐（图3-147），会出现用户协议和隐私政策概要界面，一般浏览一下此界面，点击同意即可。接下来会出现登录界面，直接点击左上角取消（图3-148）。

图3-147　QQ音乐图标　　　图3-148　是否登录界面

接下来，会出现模式切换界面，可根据需要点击"取消"或者"确定"，建议点击"确定"（图3-149）。点击确定后，会出现权限申请界面，点击确定即可（图3-150）。

第三章 生活与娱乐

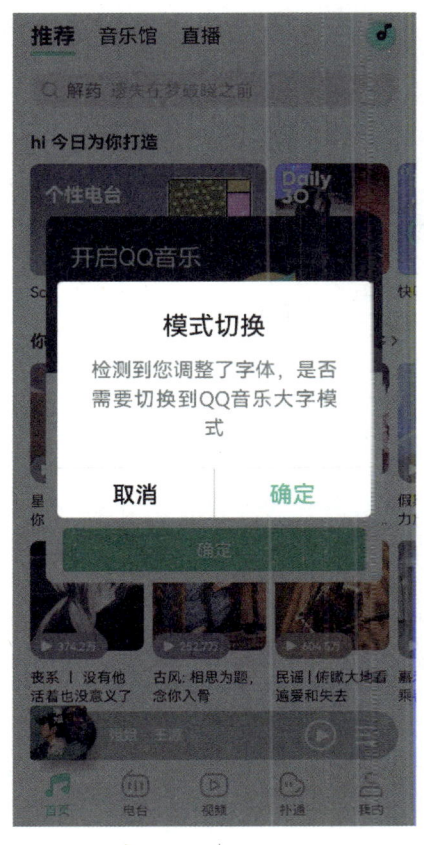

图 3-149 模式切换界面

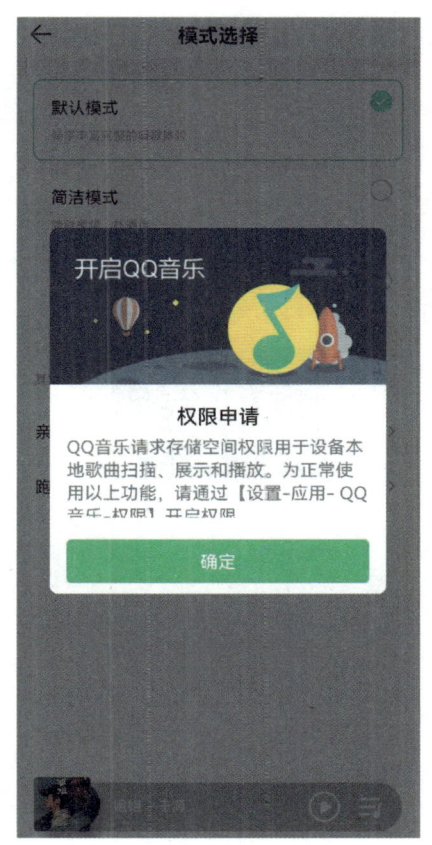

图 3-150 权限申请界面

紧接着,会出现"是否允许 QQ 音乐访问您设备上的照片、媒体内容和文件"?建议点击"始终允许"。点击后,会出现选择模式界面,建议选择大字模式(图 3-151)。

最后,点击左上角"返回",即回到 QQ 音乐主界面了(图 3-152)。点击主界面搜索栏,搜索想要听的音乐,点击对应的搜索结果,就可以在线听歌曲了。

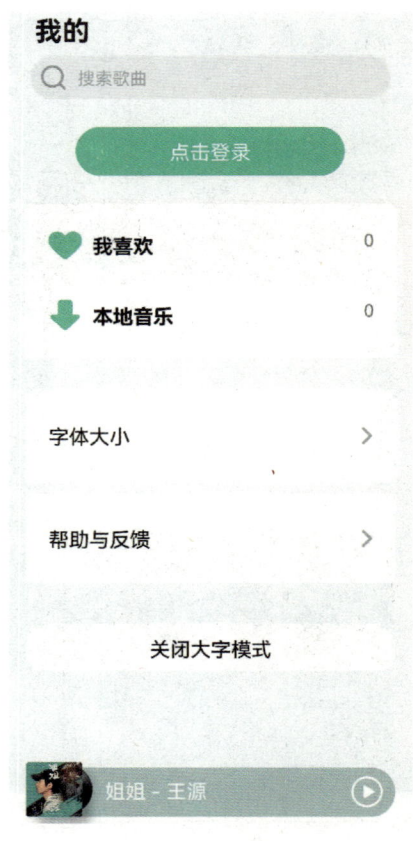

图 3-151　选择模式界面　　　　图 3-152　主界面

2. 本地听歌。指事先下载好要听的歌曲,随时听随时可以播放,不用再二次花费流量,一般适合出门在外或者是没有无线网络的地方。操作步骤:首先,进入主界面,搜索喜欢的歌曲,点击对应的搜索结果,底端会出现播放栏(图3-153)。紧接着,点击播放栏,会出现播放界面,点击左下角下载即可(图3-154)。这样,主界面的本地音乐就会出现你刚刚下载的歌曲了。以后随时想听,只要点击本地音乐对应的歌曲即可。

第三章　生活与娱乐

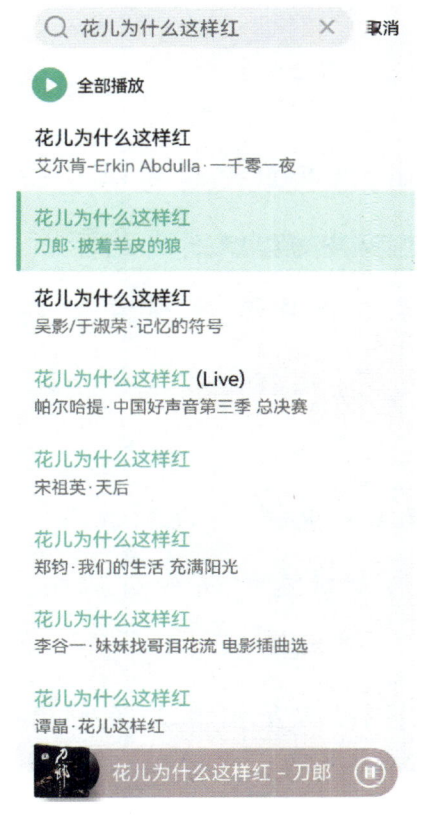

图 3-153　搜索结果界面

图 3-154　下载界面

（二）登录状态听歌

登录状态下听歌曲的操作：首先登录 QQ 音乐，打开主界面，会出现"点击登录"四个字，点击后会出现登录方式，选择对应的登录方式，勾选下方同意《用户许可协议》《QQ 音乐隐私指引》即可登录（图 3-148）。接下来的在线听歌和本地听歌的操作同非登录状态一致。

三、腾讯视频——把视频装进口袋

学会了用智能手机看新闻,听歌曲,老两口便萌发学习如何在手机上看电视剧的想法。虽然家里也有电视,但是可选择的节目并不多,尤其是一些经典影片,想找着看的时候,常常发现并没有卫视播放。如果能学会在手机上看电视,应该会方便很多。正好这两天周末,晓刚没上课,可以咨询他一下。

李爷爷:"晓刚,爷爷奶奶想在手机上看电视,你能教教我们吗?"

晓刚:"没问题,爷爷。之前教您用手机看新闻和听歌曲,您都会了吗?"

爷爷:"都学会了。我和你奶奶我们俩经常互相学习,互相指导。"

晓刚:"好的,爷爷,您要是忘了,随时问我就行。能看电视剧的客户端有很多,我就教你们用腾讯视频吧。它和咱们之前学的微信、QQ还有QQ音乐都是一个公司的。"

爷爷:"好啊,那看来这个公司的业务范围还挺广。"

晓刚:"爷爷,那接下来我教给您怎么使用腾讯视频客户端。"

(一)在线观看视频

1.首先,点击安装好的腾讯客户端(图3-155),会出现相关服务协议和隐私政策界面,点击"同意"即可。接下来,会出现登录界面。如果不登录,点击右上方的"×"即可。如果登录,选择对应的登录方式。登录后功能更丰富,建议登录。接下来会出现一些权限的选择,为了后期使用方便,建议点击"允许",最后就来到了腾讯主界面(图3-156)。

第三章 生活与娱乐

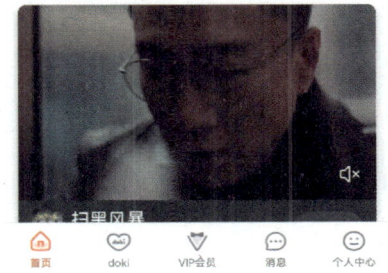

图 3-155 腾讯视频图标　　　　图 3-156 腾讯主界面

2. 主界面搜索栏搜索想要看的视频节目,点击对应的搜索结果即可观看。注意,一般看视频前先要观看广告,看完广告后才可看视频。如果不知道看什么,主界面顶部有精选、发现电视剧、电影、综艺等栏目,可点击对应栏目,选择感兴趣的即可在线观看。

3. 在主界面右下角点击"个人中心",会出现个人昵称、观看历史、常用功能等内容,可根据需要自行查阅。

(二) 下载视频

1. 首先,进入腾讯主界面,搜索要下载的视频,选择相应的搜索结果(图 3-157),点击缓存,会出现视频选项,点击你想要缓存的视频,界面底端会出现已缓存的视频数量,这样对应的视频就会自动下载了。

老年智慧科技生活

2. 视频下载好后,点击个人中心,然后点击我的下载,这样就可以找到下载好的视频了。这时,无论是否有网,都可以观看相关视频了。特别注意:在腾讯下载的视频只能在腾讯视频上观看,如果下载后,删除了腾讯客户端,视频就无法观看了。

(三) 视频投屏

如果在家看视频,觉得手机屏幕小的话,可以把想看的视频投屏到电视上,但是需要满足手机使用网络和电视使用网络处于同一个网络状态下。只有首先满足网络状态,才能实现投屏,具体操作如下:

点击想要看的视频,视频画面出现后,点击右上角的"TV"图标(图3-158),就能搜索到自己家的电视设备,连接即可。这样,就可以在电视上看视频了。

图 3-157 视频搜索结果

图 3-158 投屏界面

四、喜马拉雅——换个方式读书

这天,晓刚正在用喜马拉雅听自己喜欢的《明朝那些事儿》。突然灵机一动,平时老听爷爷说,他以前喜欢听评书、相声等。现在电视上都很少放这些节目了,为何不教爷爷奶奶学习使用喜马拉雅呢?这样,他们就能随时听自己想听的节目了。说做就做,晚上一放学,晓刚便去了爷爷奶奶家。

晓刚:"爷爷奶奶,上次教你们的腾讯视频有没有用过,感觉咋样?"

奶奶:"晓刚,上次你爷爷学完,还教我学会了呢。现在我们俩有时候不想看一样的电视剧,就各看各的,也不用拌嘴啦。"

晓刚:"哈哈,爷爷奶奶真厉害。那你们还想不想再学点别的?"

爷爷:"学啥?"

晓刚:"现在智能手机还能听书,我教你们吧?"

奶奶:"好啊,这次我要和你爷爷比比,谁先学会。"

晓刚:"奶奶,你先别着急。现在能听书的客户端也挺多,我平时用的喜马拉雅,这次我就教你们用这个吧,比较熟悉。"

爷爷:"以前只知道喜马拉雅山脉,现在才知道,原来喜马拉雅还能听书。晓刚,你好好教教爷爷奶奶怎么用。"

晓刚:"好的,那我们现在开始吧!"

(一) 在线听书

1. 首先,打开安装好的喜马拉雅客户端(图 3-159),会出现服务条款和隐私保护提示,点击同意即可。

2. 接下来,会出现很多标签分类,可以选择自己喜欢的 1~10 个标签,也可以点击右上角跳过(图 3-160)。建议选择感兴趣的标签,这样首页会出现很多自己喜欢的内容。点击对应的标签即可选择,选择结束后,底端会出现"选好了,开始收听",点击即可(图 3-161)。

图 3-159　喜马拉雅图标

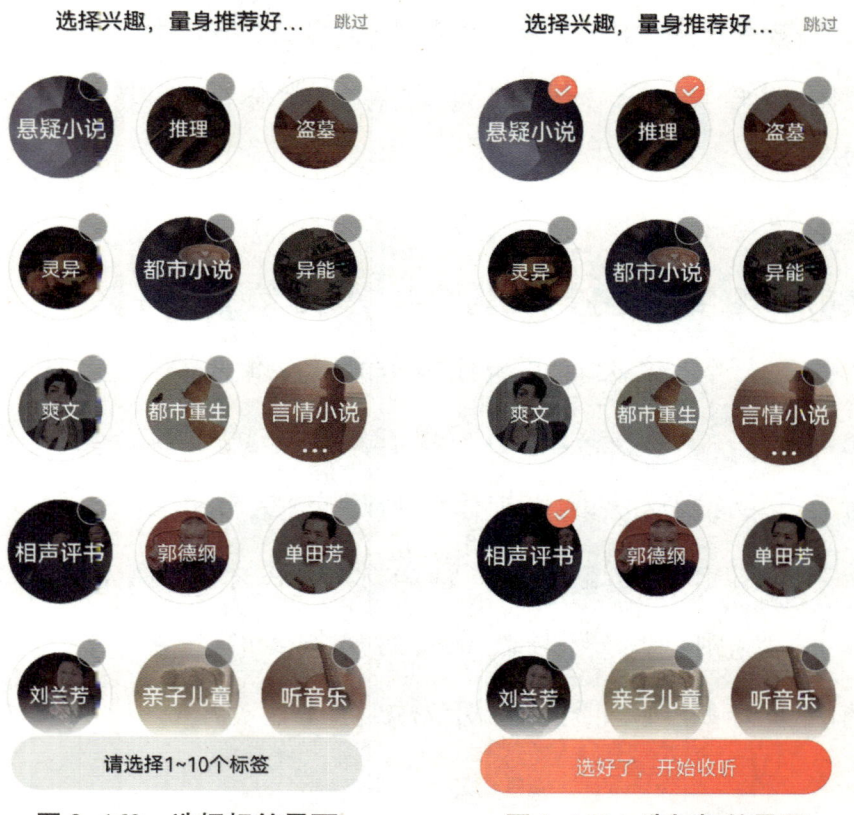

图 3-160　选择标签界面　　图 3-161　选好标签界面

第三章 生活与娱乐

3. 最后，根据选择的标签，会出现一些推荐书籍。可以直接点击播放按钮，也可以点击右上角"×"关掉（图3-162）。关掉后，就会回到主界面（图3-163）。选择自己想听的内容，点击即可在线收听。

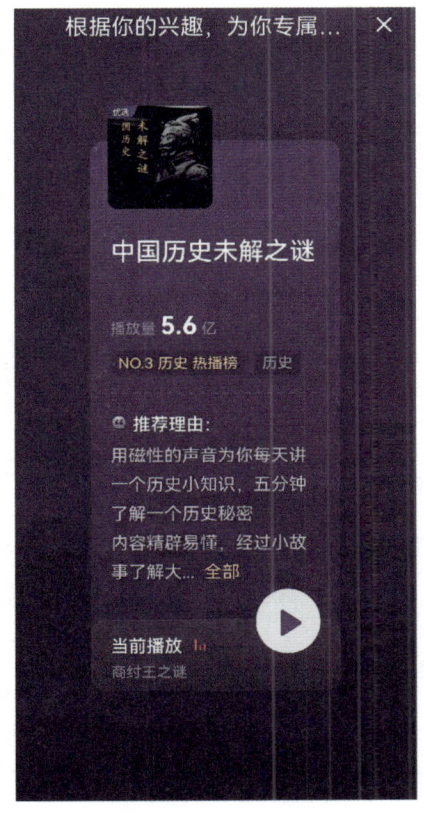

图3-162　推荐听书界面

图3-163　主界面

（二）登录与退出

1. 打开主界面，点击右下角"未登录"，即出现"立即登录"界面，点击即可。紧接着，点击"一键登录"，即登录成功。可在此界面设置自己的头像和昵称（图3-164）。

2. 登录成功后，点击右上角"设置"按钮，下拉屏幕，即出现退出登录，点击即可（图3-165）。

123

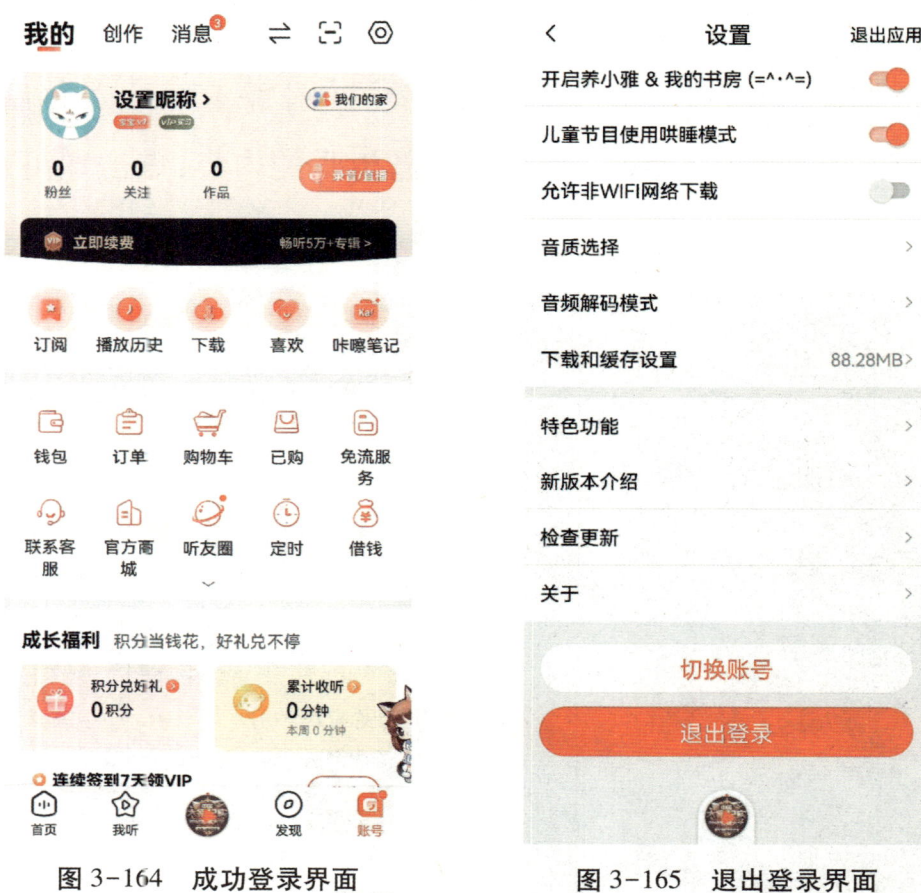

图 3-164　成功登录界面　　图 3-165　退出登录界面

（三）创作

1. 只有登录后，才能进行创作。首先，登录后，点击"创作"（图3-164）。点击后，会出现开启首次录音，点击即出现录音界面（图3-166）。紧接着，点击底端红色麦克风，即可开始录音。再次点击，即可暂停录音。如录音结束，点击右下角"保存"按钮即可（图3-167）。

2. 点击保存后，会出现声音信息界面（图3-168）。按照要求，完成专辑、标题以及简介，点击上传声音，出现上传成功即可。这样，首次录音就完成了。

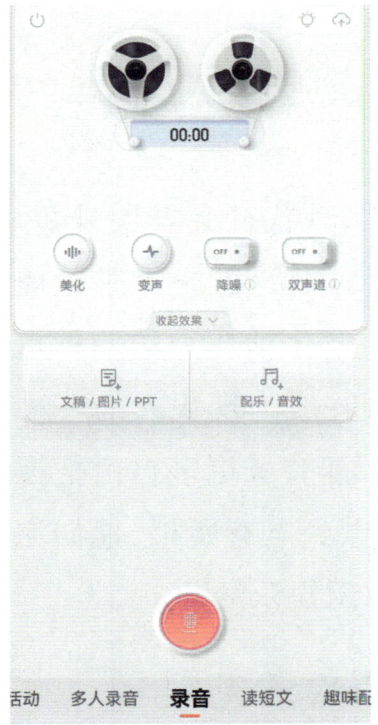

图 3-166　录音界面

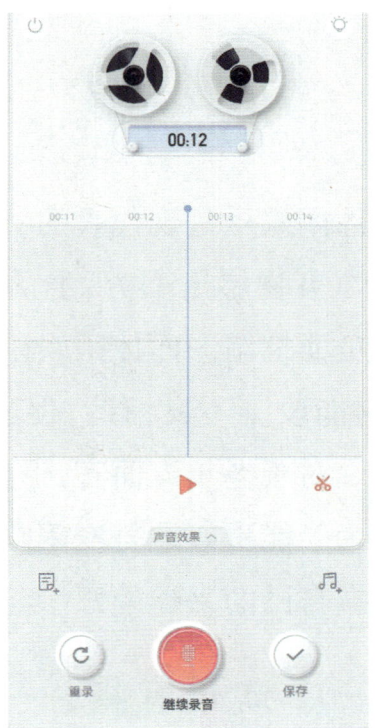

图 3-167　暂停录音界面

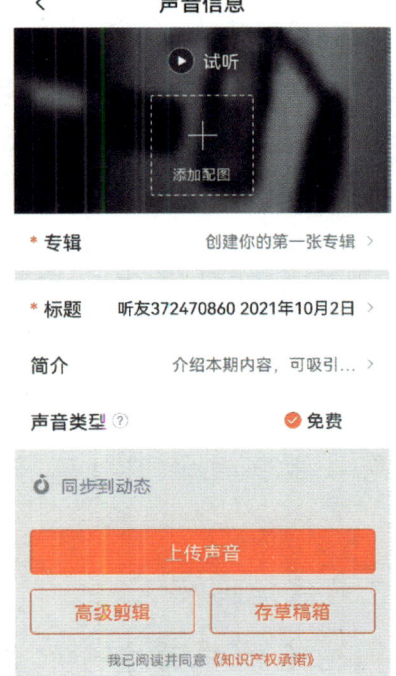

图 3-168　上传声音界面

第三节 休闲娱乐悦身心

休闲娱乐是现代人的一种生活方式,现代社会发展日新月异,各种新事物层出不穷,生活节奏快,压力大,这就不可避免地带来一些负面情绪。而休闲娱乐则是人们缓解生活压力的一种重要方法,它能改善不良情绪,促进身心健康,并成为现代人的一种生活方式。对于老年人而言,退休后的他们,拥有了更多自由把握的时间。为了能更好地打发闲暇时光,真正做到老有所乐,他们完全可以根据自己的兴趣爱好参与一些网上休闲娱乐活动。

一、欢乐麻将——在线棋牌欢乐无限

棋牌是老年人重要的娱乐消遣方式之一,很多社区都有棋牌服务室。即使是在农村地区,也有很多老年活动中心设置了棋牌室。但是,自2020年新型冠状病毒疫情暴发以来,为了大家的安全着想,很多棋牌室都暂时歇业了。因此,在手机上玩棋牌游戏,不失为一个好的选择。

李爷爷:"晓刚,以前爷爷奶奶没事就会打个麻将,现在棋牌室也不营业了。你能不能教教爷爷奶奶如何在手机上玩棋牌游戏?"

晓刚:"没问题,爷爷。现在棋牌游戏也很多,我看您就学欢乐麻将怎么样?它就和您在现实生活中打麻将一样,只不过现在是在网上。"

李爷爷:"那我自己就能玩吗?"

晓刚:"是的,爷爷,它会随机为您分配牌友。现在我就教您试试。"

第三章 生活与娱乐

（一）登录和退出

1. 打开安装好的欢乐麻将客户端（图3-169），会出现腾讯游戏用户协议和隐私政策，点击"同意"即可。接下来会出现一些权限的请求，点击允许即可。

图3-169 欢乐麻将图标

2. 所有权限都允许后，则会出现登录界面，显示为"微信登录"和"QQ登录"（图3-170）。两种登录方式都可以，但是一般建议选择微信登录。点击微信登录后，会出现"腾讯欢乐麻将全集申请使用你的微信头像、昵称、地区、性别和朋友关系"页面，下拉会出现"同意"和"拒绝"按钮（图3-171）。这里特别注意一点，在本页面底端有一行小字"关注'微信游戏'，获取游戏攻略福利"，前面有一个小圈圈，这里可以根据自己的需要，选择是否关注。选择好之后，点击"同意"按钮，即可。

图3-170 登录界面

图3-171 登录同意界面

3. 紧接着，会出现创建角色页面，页面显示两个角色，大家可以根据自己的性别选择对应的角色，点击页面中的男或者女即可以选择（图3-172）。选好之后，还会出现服饰的选择，点击喜欢的衣服，点击右下角创建角色即可（图3-173）。

图3-172　选择角色性别界面

图3-173　创建角色界面

4. 选好之后，就来到了选择麻将水平界面。这里有两个选择，分别为去教学局和跳过教学玩游戏，可根据自己的需要点击对应选择即可。如点击跳过教学后，作为新手，商家会赠送一定数量的欢乐豆（图3-174）。要想在线打麻将，必须有欢乐豆，这是前提，没有欢乐豆，是无法进行游戏的。最后，点击确定后，则来到了欢乐麻将主界面（图3-175）。

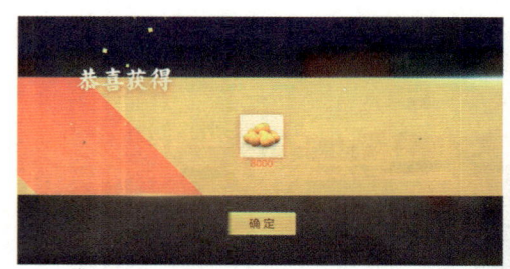

图3-174　赠送欢乐豆界面

图3-175　主界面

第三章 生活与娱乐

（二）在线打麻将

进入欢乐麻将主界面之后,在页面左端有雀神衣橱、赏金令等选项,不建议使用,这里都是需要用钱购买的;在页面右端有血流麻将、血战麻将、红中血流等选择。如果要玩麻将,主要就是在右端选择相应的类别。

1. 血流麻将。点击血流麻将,会出现菜鸟场、贫民场、官甲场等选择（图3-176）,点击对应的选项,就会为你匹配对手,匹配对手完成后,即可开始游戏。

2. 血战麻将。点击血战麻将,也会出现菜鸟场、贫民场、官甲场等（图3-177）。但是不同的玩法所需要的欢乐豆是不同的,可根据自己的实际情况进行选择。

图3-176 血流麻将界面

图3-177 血战麻将界面

二、全民K歌——唱出自己的风采

李爷爷和王奶奶最近在参加一个老年合唱团,天天晚上都去公园练歌,还常常录下来发给家里人听。这天,奶奶让晓刚点评一下自己唱的怎么样。听着听着,晓刚突然想到,爷爷奶奶参加合唱团兴致这么高,但是合唱团活动也不是经常有,还不如教爷爷奶奶如何用手机唱歌呢!

晓刚:"爷爷奶奶,这一段时间以来,你们学了那么多新东西,感受如何?"

李爷爷:"感受不错,越活越年轻。"

王奶奶:"我也是,以前总是很抗拒智能手机,现在觉得有个智能手机真方便。"

晓刚:"爷爷奶奶,既然智能手机这么好,那不如我再教你们如何在手机上唱歌吧。只需要下载一下全民 K 歌,不去 KTV,一样能一展歌喉。"

李爷爷:"好啊,现在让我学啥我都不怕,我对自己有信心。"

王奶奶:"你大胆教吧,晓刚,这可真是活到老,学到老。"

(一) 登录全民 K 歌

首先,到应用市场将全民 K 歌软件下载到手机上。下载完成后,打开全民 K 歌(图 3-178),点击同意用户协议及隐私保护,选择登录方式(图 3-179)。

全民 K 歌可以选择微信登录或者 QQ 登录,这里选择微信登录。选择微信登录后账号就自动登录了,接下来软件会请求获得一些手机权限,比如获取通讯录权限和访问图库权限等,建议全部选择始终允许,因为这些权限在一些应用场景下是必须获取的,不然会影响软件部分功能的使用。全民 K 歌首次登录进入的页面是动态推荐页面(图 3-180),这里主要显示软件向你推荐的一些动态,这些动态类似一些直播,你可以在这个

图 3-178 全民 K 歌图标

第三章 生活与娱乐

页面给当前的动态点赞、评论,关注作者和将此条动态分享给其他好友,等等。

图 3-179 登录方式页面　　　　图 3-180 首页

通过页面上下滑动可以切换不同的作者内容,也可以通过页面上方的选项选择热门、神仙翻唱、好友、电台、同城等不同栏目的内容显示。也可以通过点击页面最上方的推荐、关注、直播等来选择不同的显示内容。而页面下方的动态、歌房、消息、我的等选项则是不同类型的功能选择,下方中间的"😊"图标则是全民K歌最主要的功能——曲库点歌的入口。

(二)查看其他人作品

进入 K 歌后首先显示的页面——推荐页面(图 3-181),本页面显示的是软件推荐的一些作者作品。通过点击页面右侧的相关图标可以和当前播放的作品互动,右侧最上方头像是当前播放视频的作者头像,点击头像下方加号可以直接关注该作者,点击该头像可以查看该作者个人信息(图 3-182)以及其他作品,等等。头像下方的图标分别为点赞、评论、送礼、分享给其他好友等功能。页面最下方显示的则是当前作者演唱的曲目,点击歌名可以查看该歌曲相关的其他人的作品(图 3-183),点击"点唱"图标则可以直接进入该歌曲的演唱页面(图 3-184)。

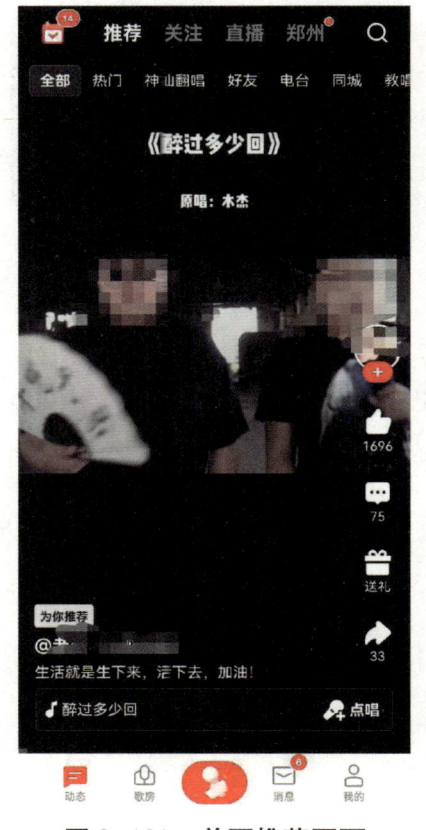

图 3-181 首页推荐页面

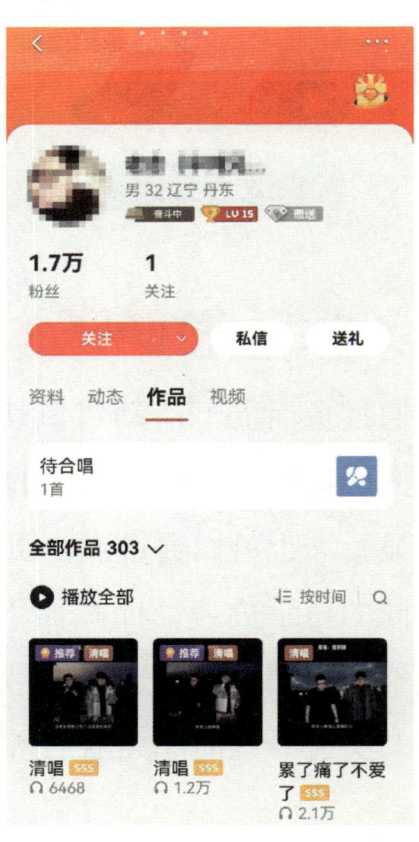

图 3-182 查看个人信息页面

第三章 生活与娱乐

图 3-183 查看该歌曲相关作品页面

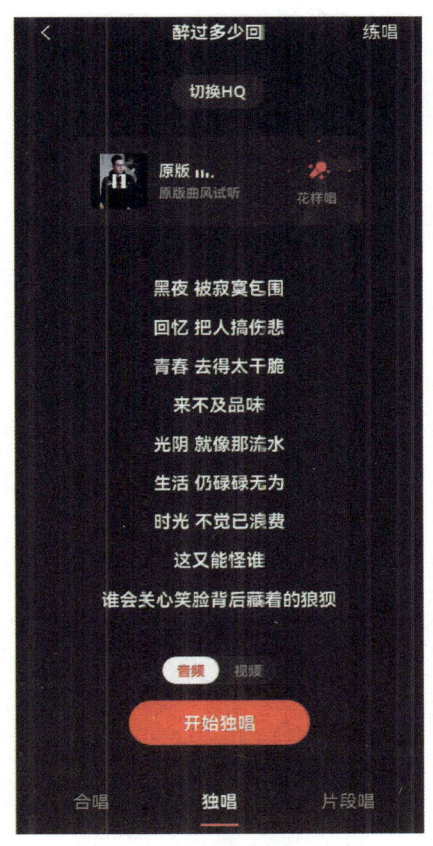

图 3-184 点唱该歌曲页面

（三）歌曲"练唱"

在歌曲相关作品页面（图 3-183），可以点击歌曲下方的"练唱"练习该歌曲（图 3-185）。在歌曲练唱页面左下角可以切换是否播放原唱，点击右下角的"段落"则可以切换该歌曲是唱一段、单句还是整首歌。点击歌曲练唱页面下方的"练唱测评"可以显示练唱时的音调（图 3-186），在练唱测评页面也可以切换是否播放原唱以及演唱歌曲内容（段落、单句和整首）。还可以点击练唱测评页面下方的"返听调音"来选择对该歌曲升降调和伴奏音量以及人声音量大小。

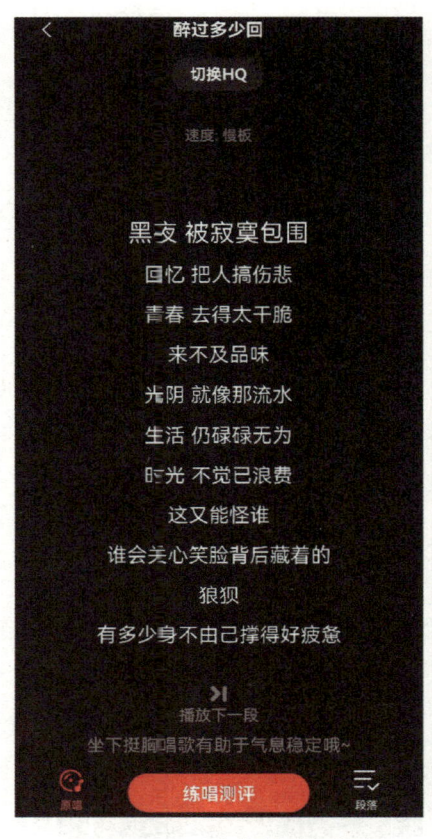
图3-185　歌曲练唱页面

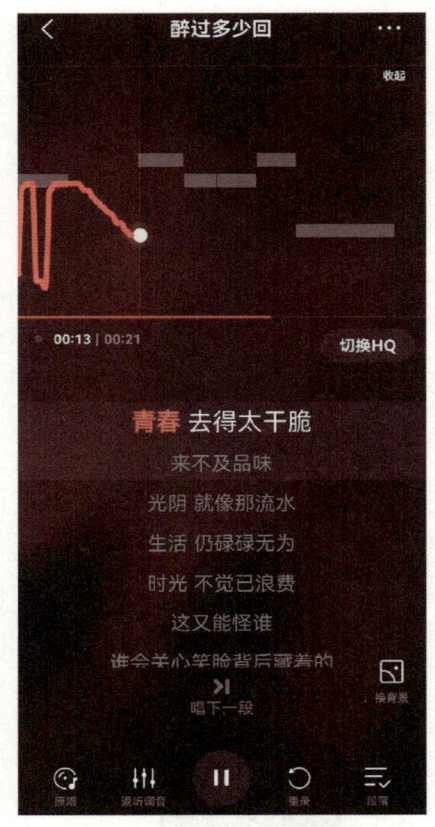
图3-186　练唱测评页面

如果是分段落或者单句练唱,那么每演唱一段或者一句就会弹窗选择是否上传歌曲(图3-187),可以选择重录和继续练唱等。点击图3-183中的"我要K歌",则可以进入该歌曲的演唱页面(图3-188)。

在"我要K歌"页面可以选择独唱,可以在"开始独唱"上方选择音频演唱还是录视频演唱,选择后点击"开始独唱"就可以开始录制该歌曲了(图3-189),在演唱时可以通过页面不同的按钮选择不同的功能,唱完后点击页面右下角的"完成"可以查看演唱评分和选择音效等(图3-190),最后点击右下角的"保存"可以将演唱内容保存到手机上,点击"生成作品"则可以上传到我要K歌个人作品中。

第三章　生活与娱乐

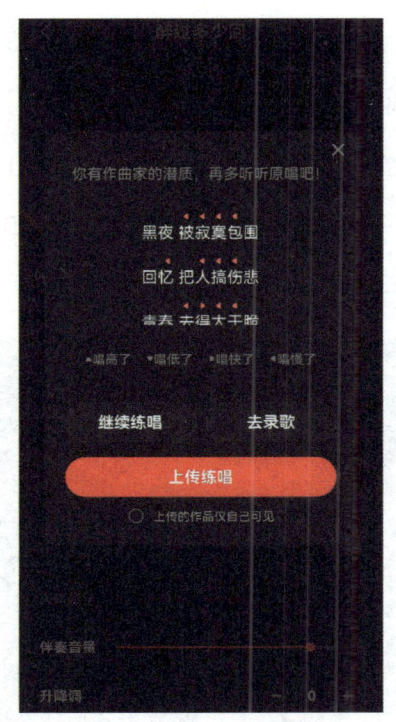

图 3-187　是否上传练习内容页面

图 3-188　"我要 K 歌"页面

图 3-189　演唱页面

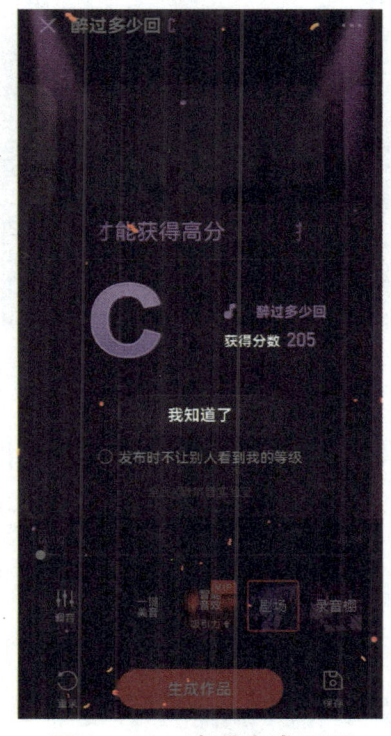

图 3-190　演唱完成页面

在图 3-188 中,也可以通过点击下方"合唱"与其他演唱该作品的作者合唱(图 3-191),在合唱页面,可以通过左右滑动切换不同的作者,看到想要合唱的作者后点击"加入合唱"就可以和当前作者一起演唱这首歌了(图 3-192),录制完成后同样可以对作品调音后选择上传或者本地保存以及重新录制等。

图 3-191　合唱选择页面

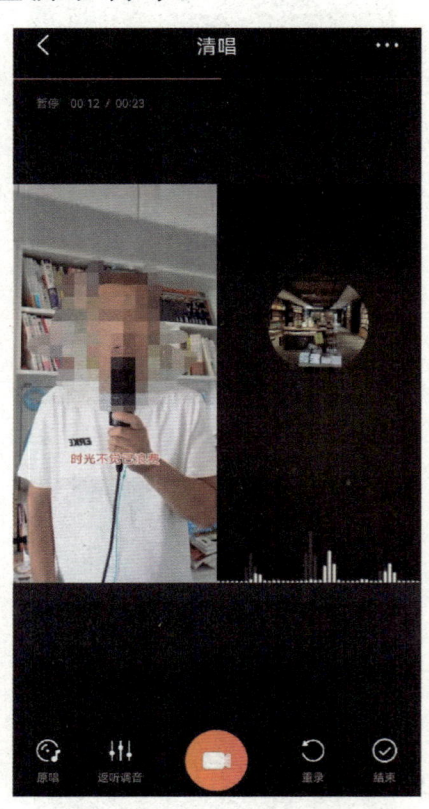

图 3-192　与别人合唱页面

对于广大老年人朋友来说,常规版本的"我要 K 歌"软件显然过于"花哨"了,而"我要 K 歌"软件官方针对老年人朋友设置了关怀模式,这个模式通过"我的"—"设置"—"关怀模式"—"开启关怀模式"进行开启(图 3-193)。关怀模式页面(图 3-194)变得简洁高效,不但字体更大更清晰,还可以直观地看到已点歌曲,直观地搜索框,歌曲推荐和每周及每月的 K 歌榜热门歌曲推荐。相对

第三章 生活与娱乐

于"我要 K 歌"的正常模式,关怀模式只保留了点歌页面,这样也避免了看直播刷礼物等一些不理性的行为。所以建议老年人朋友开启关怀模式,这样不仅方便您的使用,还能在金钱等方面规避很多风险。

图 3-193　开启关怀模式　　　　图 3-194　关怀模式页面

通过点击右上角"我的"—"设置"—"退出关怀模式"可以关闭关怀模式。"我要 K 歌"软件给广大的用户带来了方便的 K 歌体验,很多老年人朋友也利用此软件在广场、公园等地方大展歌喉,可以说既愉悦了身心,又节省了资源,希望"我要 K 歌"等软件给广大老年人朋友带来更多的便捷和快乐。

第四章　安全出行与移动支付

第一节　为您的出行保驾护航

李爷爷和王奶奶近期有个想法,想在春暖花开的时候去欣赏祖国的大好河山,但是很久没有出远门,很多道路他们都不熟悉,怕出门走错路,刚好他们的孙子李晓刚在家过暑假,于是他们就向正在上大学的孙子请教出远门怎么使用软件为出行保驾护航。

李爷爷:"晓刚,你能教教我和奶奶如何更安全地出远门吗?"

晓刚:"当然可以,手机上有很多软件可以为出行保驾护航。"

王奶奶:"我们已经下载好了,之前你教过我们下载软件,可是没教如何使月。"

晓刚:"好的,爷爷奶奶,那下面我就教一下你们如何使用出行软件吧。"

一、高德地图——出门哪儿都熟

(一)高德地图的注册

使用者要想完整使用高德地图,必须先注册。注册高德地图

第四章　安全出行与移动支付

步骤如下：

1. 在手机上找到高德地图图标（图4-1），点击进入，进入高德地图后，点击右下角"我的"（图4-2）。

2. 进入"我的"界面后点击左上角"登录"，此时提示请输入手机号，勾选"未注册的手机号登录时将自动注册，且表示您已同意"（图4-3）。

图4-1　高德地图图标

图4-2　高德地图首页

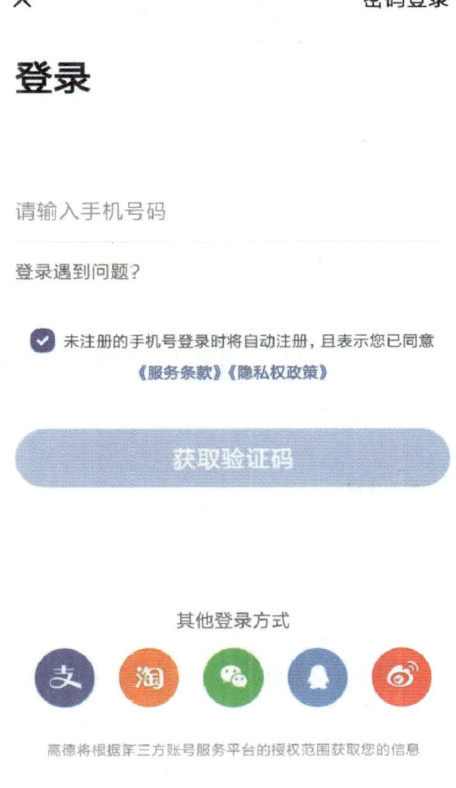

图4-3　登录/注册界面

3.输入手机号后,如果手机号没有被注册,则会跳出"新账号注册提示",点击继续,这时会给手机发送验证码,输入验证码后,则会自动登录,代表注册成功(图4-4)。

（二）高德地图的基础设置

高德地图注册完成后,可以根据自身喜好和习惯进行设置。如何进行设置呢?

1.进入高德地图,点击右下角"我的"后,点击右上角的"◎"图标,进入设置界面(图4-5)。

图4-4 注册成功界面　　　　图4-5 设置界面

2.在设置界面可以看到有账号与安全、地图设置、首页设置、导航设置、语音设置、通勤设置、足迹设置、手车互联设置、常用出

第四章 安全出行与移动支付

行方式、城市切换等各种设置,只需要点击相关设置,就可以按照个人情况进行设置。

3. 其中账号与安全设置,有账号绑定管理、支付宝授权管理、登录密码、账号注销、账号授权管理、登录设备管理这些功能(图4-6)。账号绑定管理中,可以对手机号、支付宝账号、淘宝账号、微信账号、QQ账号、微博账号、邮箱进行绑定(图4-7);支付宝授权管理中,可以设置支付宝免密支付,开启后,确认行程将自动扣款(图4-8);登录密码中,可以对高德地图的账号密码进行修改,输入修改后的密码,点击"确认修改"即可完成设置(图4-9),此时应该注意密码应为8~16位,至少包含数字、字母、特殊字符中的两类;账号注销中,如果不想使用高德地图了,可以对账号进行注销(图4-10)。

图4-6 账号与安全 　　　　　图4-7 账号绑定管理

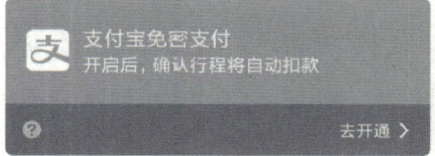

图 4-8　支付宝授权管理 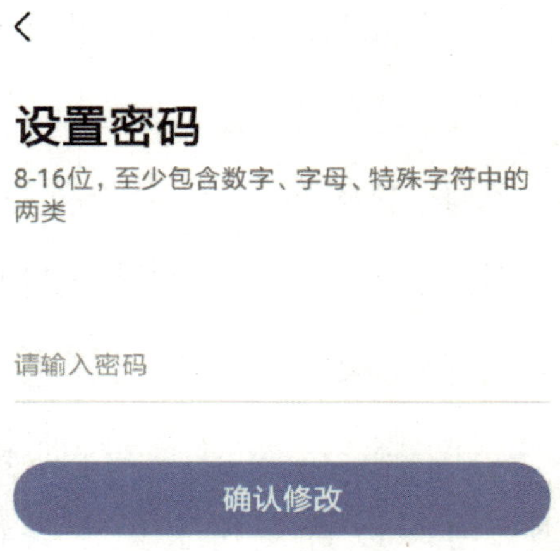　　　　图 4-9　登录密码设置

4. 地图设置。可以对地图文字大小、锁定 2D 地图旋转、保持屏幕常亮、视觉障碍模式、放大缩小按钮、Wi-Fi 下自动更新离线数据、图面路况播报、室内地图、定位标使用头像、长辈版设置这些功能进行设置（图 4-11）。地图文字大小中，可以对地图中的文字大小进行设置，有四个可选项，分别是小、标准、大、超大，可以根据自己的情况进行选择设置，如果感觉字体太

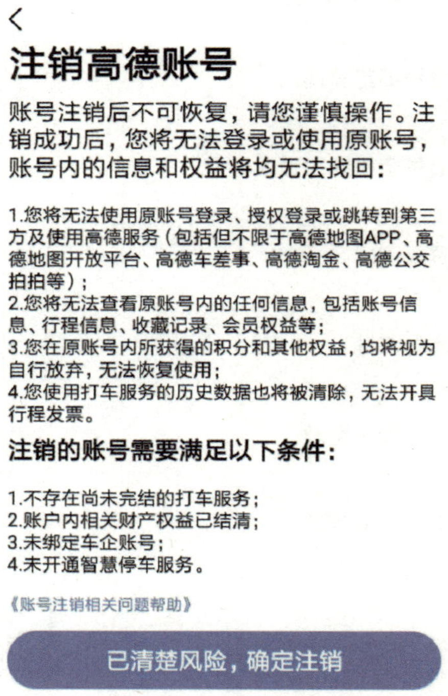

图 4-10　账号注销

小看着不方便,可以将字体设置为大或超大(图4-12)。

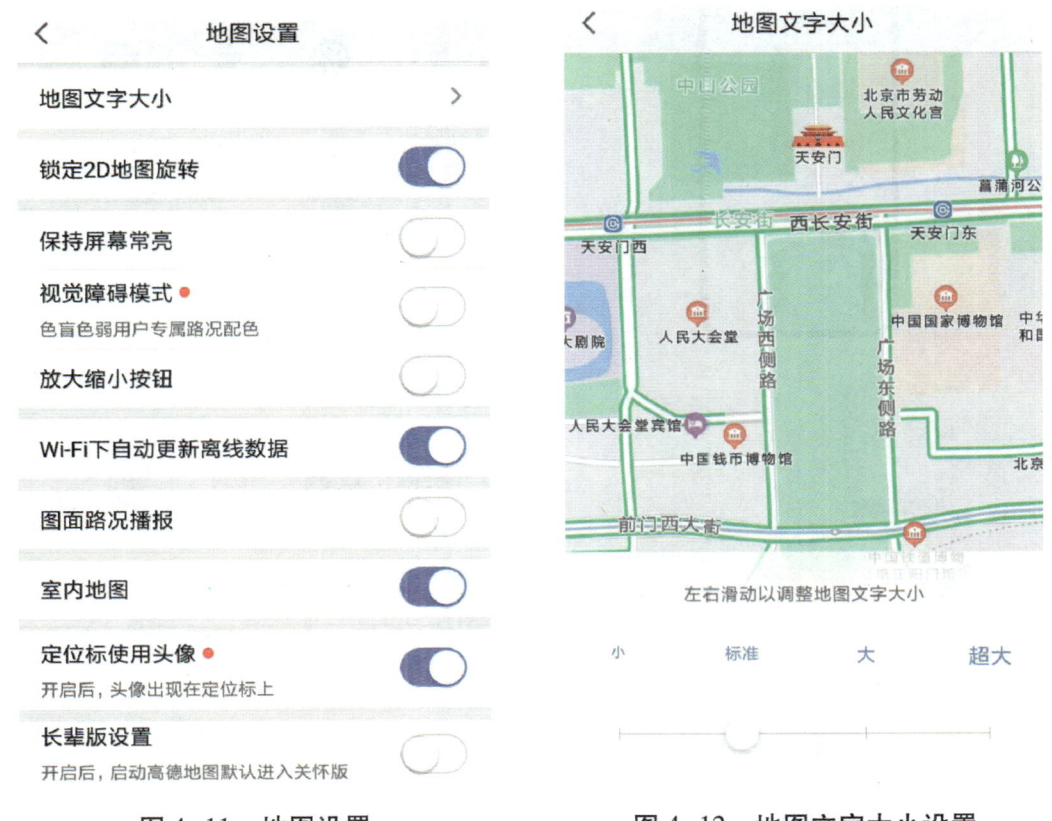

图4-11　地图设置　　　　　图4-12　地图文字大小设置

5. 首页设置。可以对首页的样式进行设置,有两个可选项,一个是"搜索框"在下方,一个是"搜索框"在顶部(图4-13)。

6. 导航设置。可以对导航方式、导航语音、播报模式、导航图面、蓝牙连接设置、辅助功能进行设置(图4-14)。页面的最上面选择车的类型:小客车、新能源、货车、摩托车,根据不同车的类型进行导航的设置。导航方式:在出行的时候可以根据需要选择高德推荐、躲避拥堵、高速优先、不走高速、少收费、大路优先、速度最快这几种方式。导航语音:可以根据自己的喜好选择不同的语音方式。播报模式有三种,分别是详细播报、简洁播报、静音,还可以

图4-13 首页设置

图4-14 导航设置

语音唤醒小德说"你好小德"或"小德小德"。导航图面：可以对导航车标进行设置，可以设置屏幕方向是自动、竖屏或横屏，可以设置导航视角是车头向上或是北方向上，可以设置日夜模式是自动、白天或黑夜（图4-15）；还可以自定义导航（图4-16）。蓝牙连接设置，可以设置为蓝牙设备播报，此时连接蓝牙媒体声道可改善音质，也可以设置为蓝牙设备播报（无声时可选），此时连接蓝牙电话声道可能影响音乐，还可以设置为手机扬声器播报，此时所有声音将从手机扬声器播报（图4-17）。辅助功能中，可以对通话时收听语音播报进行设置，可以设置语音播报时控制音乐音量是压低音乐还是暂停音乐，不过设置为播放期间暂停音乐兼容性更好；还可以对自动进入探路模式、离线导航优先、比例尺智能缩放、终点多目的地选择、接收车友互助消息、景区播报进行设置（图4-18）。

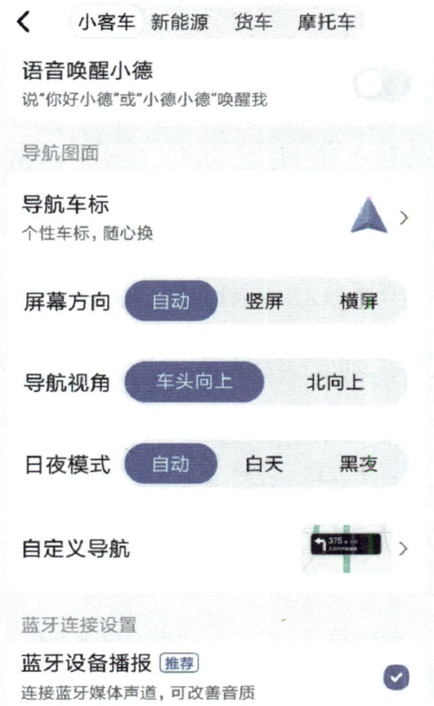

第四章　安全出行与移动支付

图 4-15　导航图面设置

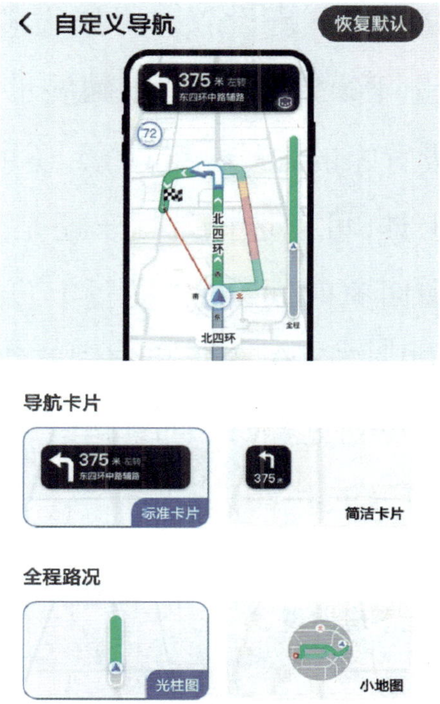

图 4-16　自定义导航

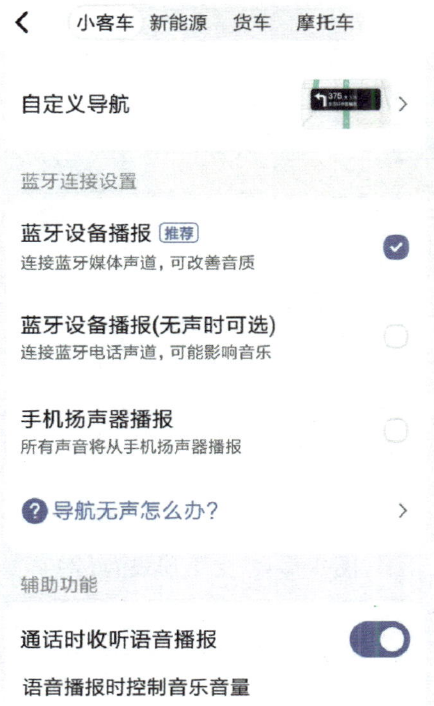

图 4-17　蓝牙连接设置

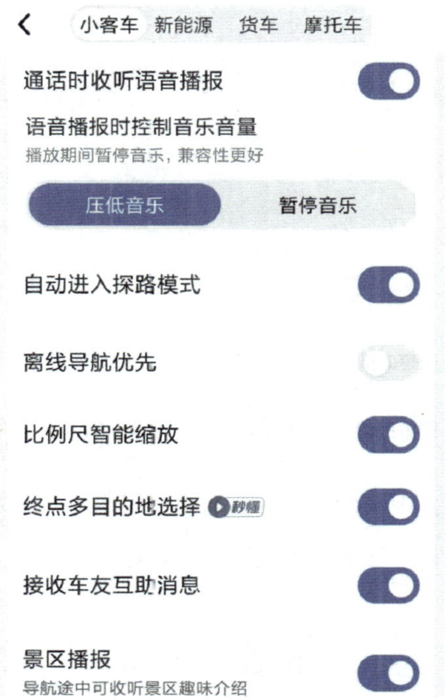

图 4-18　辅助功能

145

7. 上下班设置。可以设置上下班地址、交通工具、上下班时间、上下班定制路线、通勤展示、通勤路线展示等。上下班地址,可以设置家的地址一键回家,还可以设置公司地址助你快快上班;交通工具,可以选择是驾车还是公交;上下班时间,可以设置上班时间和回家时间,比如设置上班时间为06:00—10:00,回家时间为17:00—22:00;上下班定制路线,可以定制上班路线,上班时将为你优先规划好路线,回家路线也是一样的,将优先规划好回家路线(图4-19、4-20)。

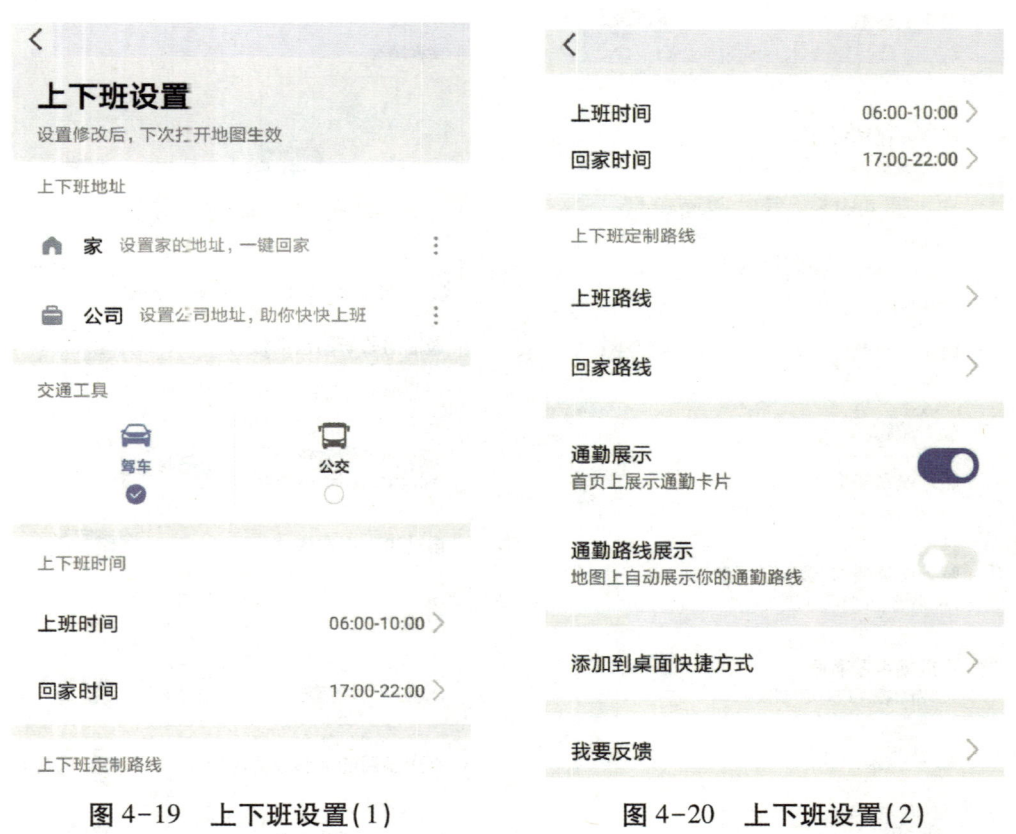

图4-19　上下班设置(1)　　　图4-20　上下班设置(2)

8. 足迹设置。可以对足迹记录、清除数据、轨迹查看设置进行设置。足迹记录中可以开启足迹,记录导航终点,自动打卡。清除

第四章 安全出行与移动支付

数据：可以清除全部点亮城市，清除后已点亮城市列表、图画、角落、打卡点将清空；还可以清除全部点亮角落，清除后已点亮角落列表、图画、打卡点将清空；也可以清除全部出行里程，清除后轨迹详情及图画将清空；清除全部我的打卡点，清除后全部打卡点将清空。轨迹查看设置，可以隐藏速度信息，开启后将隐藏轨迹图和视频中的速度信息；还可以隐藏急加速、急刹车、急转弯信息，开启后将不显示轨迹图中的三急信息；还有视频地图选择，可以选择酷黑地图或是卫星地图；同时还可以对视频时长进行调整，调整范围从12秒到30秒（图4-21、4-22）。

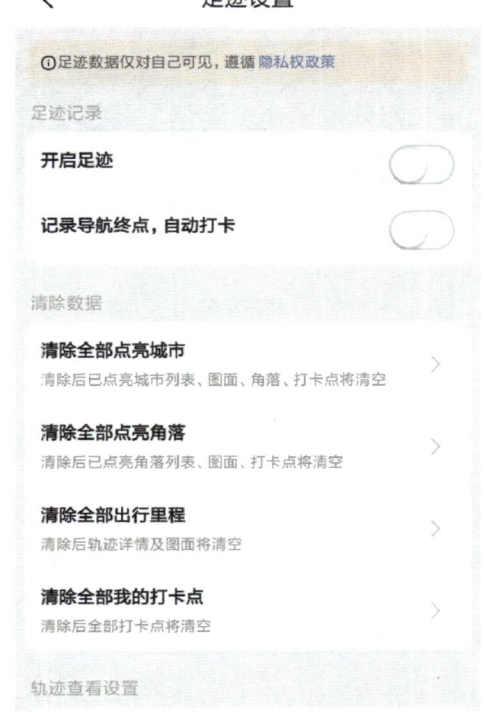

图4-21 足迹设置（1）

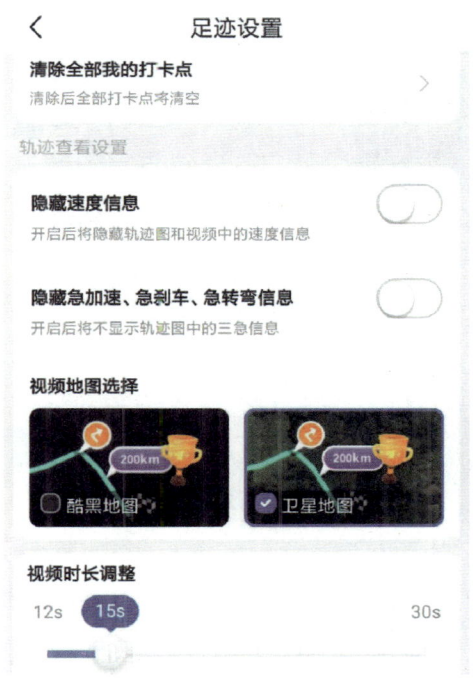

图4-22 轨迹设置（2）

9.手车互联设置。车内使用手机导航自动同步到车机，收藏夹、历史记录自动同步（图4-23）。连接车机的步骤为：①打开高德地图车机版(V4.8及以上),进入"我的"→手车互联;②扫描车机页面中的二维码或连接热点,即可完成连接;③V4.8版本以下用户,请按照车机互联页提示进行操作。

10. 常用出行方式。选择常用出行方式:经常驾车、经常坐公交(图4-24)。

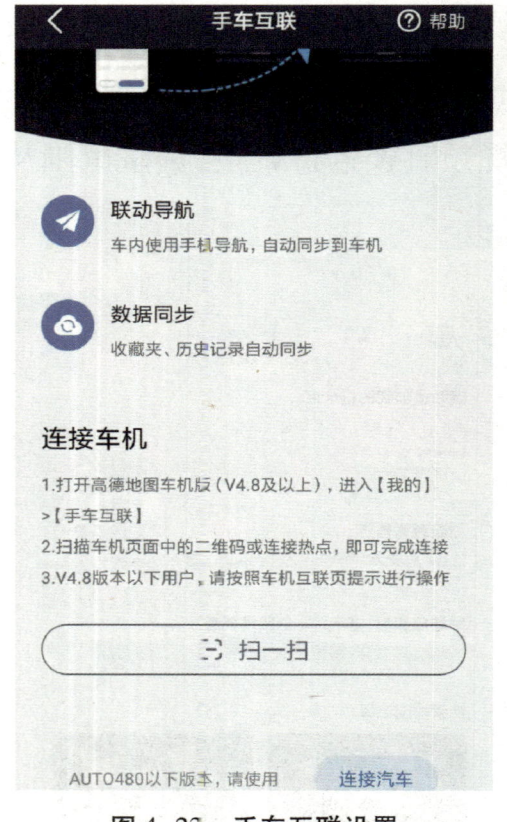

图4-23　手车互联设置

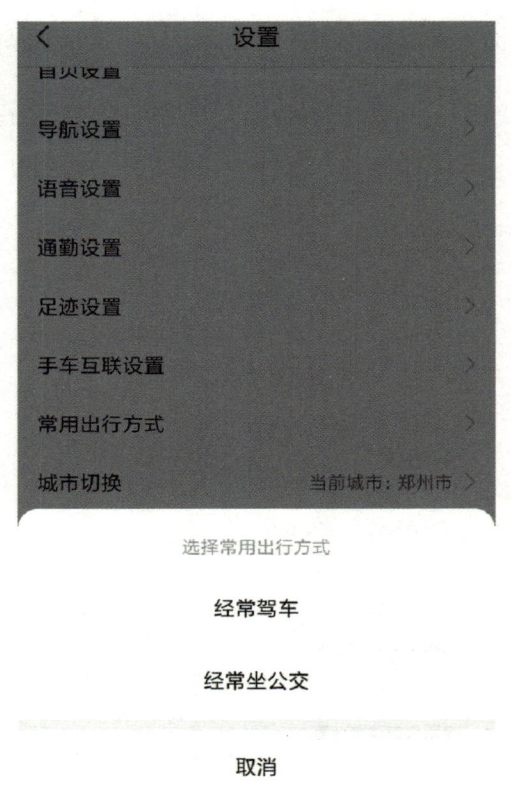

图4-24　常用出行方式

11. 城市切换。可以根据自己所在的城市进行设置。

12. 个人资料的设置。在"我的"页面左上角点击头像可以对个人资料进行设置(图4-25)。可以设置头像,更换成自己喜欢的头像;昵称也可以修改,昵称需要2~32位字符,支持中文、英文、数字;还有性别、年龄的填写。

第四章　安全出行与移动支付

（三）高德地图的使用

高德地图注册完成后,当我们只知道地名而并不知道具体在什么位置的时候,就可以使用高德地图为我们导航。下面介绍如何使用高德地图进行导航。

1.选择目的地。进入高德地图首页后,会在页面下方出现搜索框(图4-26),此时点击搜索框进入后输入目的地,就会出现搜索结果(图4-27)。

图 4-25　个人资料填写

图 4-26　搜索页面

图 4-27　搜索结果

紧接着,根据提示选择自己的目的地,选择后就会在页面上显示目的地信息(图4-28)。

2.路线的选择。确定了目的地信息后,点击路线,系统会根据出发地进行路线规划,这个出发地可以默认为用户的当前位置,也可以自行输入出发地;出发地和目的地确定后,根据想要出行的交通工具,选择合适的出行方式(图4-29)。高德地图会根据不同的出行方式规划不同的出行路线。这里我们以驾车(图4-30)、公交地铁(图4-31)为例,根据个人的时间和距离,自行选择合适的路线。

图4-28　目的地信息

图4-29　出行方式选择

第四章　安全出行与移动支付

图 4-30　驾车路线

图 4-31　公交地铁路线

3. 开始导航。路线确定后,点击开始导航,接下来只需按照语音的提示前往目的地即可到达。

二、百度地图——让出行更智能更简单

（一）百度地图的注册

使用者要想正常使用百度地图,必须先注册。注册百度地图步骤如下:

1. 在手机上点击百度地图图标(图 4-32),百度地图界面出来后,点击左上角的

图 4-32　百度地图图标

""。然后点击"登录/注册",出现界面(图4-33),勾选"我已阅读并同意《百度相关服务协议》"后点击"",在出现的界面下端的注册按钮进行账号的注册。

2. 点击"注册"(图4-34),输入自己的手机号并勾选"请您阅读并同意百度用户协议和隐私政策"后点击"立即注册",此时手机会收到短信验证码,将短信验证码输入界面。

图4-33　百度地图登录界面

图4-34　百度地图注册界面

3. 输入短信验证码后,页面跳转,设置百度地图的用户名和密码(图4-35),用户名最长14个英文或7个汉字,密码8~14位,字母、数字、特殊字符至少包含2种;按照要求设置好用户名和密码后,点击确定就完成了注册。

第四章　安全出行与移动支付

（二）百度地图的基础设置

百度地图注册完成后，可以对百度地图进行基础设置。首先点击百度地图界面的头像，出现个人中心界面（图 4-36），然后点击右上角的"⚙"图标，进入设置界面（图 4-37）。在设置界面中可以看到有账号设置、通用设

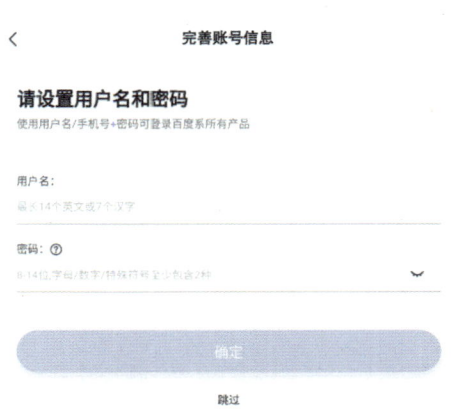

图 4-35　完善账号信息

置、导航设置、语音设置、消息通知、极速模式、隐私设置、关于、新功能介绍这九项，下面我们对每项设置展开来讲解怎么使用。

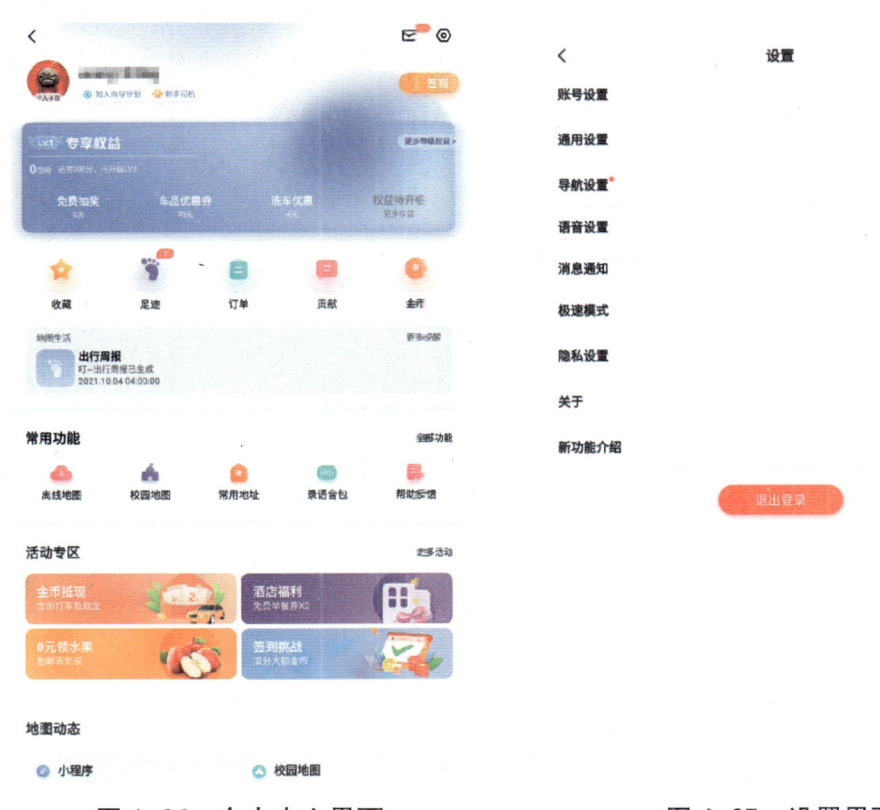

图 4-36　个人中心界面　　　　　　图 4-37　设置界面

153

1. 账号设置。首先点击"🐾〉"进入账号设置界面(图 4-38),点击系统自动生成的头像,进入头像更换界面,此时点击"拍照"可以快速方便地拍一张当前状态的照片作为头像,点击"从手机相册选择"可以选择一张手机上已有的照片作为头像(图 4-39)。除了设置头像,账号设置中还可以进行身份认证,点击"去实名"可以对百度地图账号进行实名认证(图 4-40)。实名认证完成后,可以对账号进行登录密码的重新设置,点击"已设置 〉"就可以对登录密码进行重新设置。实名认证完成后,可以进行邮箱的绑定,点击"去绑定 〉"出现绑定邮箱界面。

图 4-38　账号设置界面

图 4-39　更换头像界面

第四章　安全出行与移动支付

然后也可以对百度地图的账号保护方式进行设置,这样可以保护百度地图的账号安全,点击" 去开启 >"出现账号管理界面(图 4-41),此界面中包含有异地登录保护、网页登录保护、用户名登录保护、敏感操作保护,可以根据需要进行设置,每选一项可以使账号的安全等级变得更高。登录方式也可以进行设置,点击" 去开启 >"出现登录方式管理界面(图 4-42),在这里可以设置手机号登录、账号密码登录,也可以快速登录使用刷脸登录。

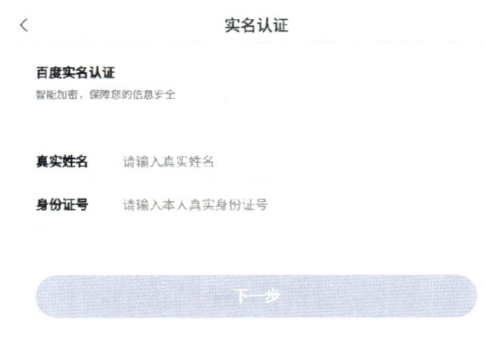

图 4-40　实名认证

图 4-41　账号管理界面

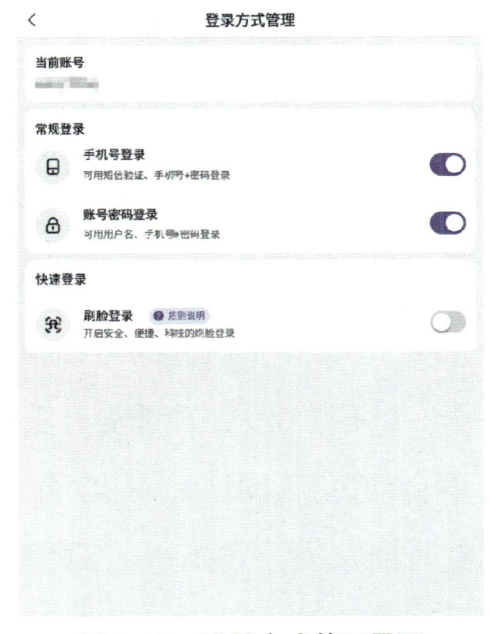

图 4-42　登录方式管理界面

最后可以进行账号申诉,对于无法正常登录、手机号停用、需修改实名信息、忘记密码等,可以通过账号申诉进行找回。当账号遇到风险,可以进行账号冻结(图4-43)。当不想用百度地图时,可以通过账号注销,删除当前应用服务痕迹和注销百度账号(图4-44)。

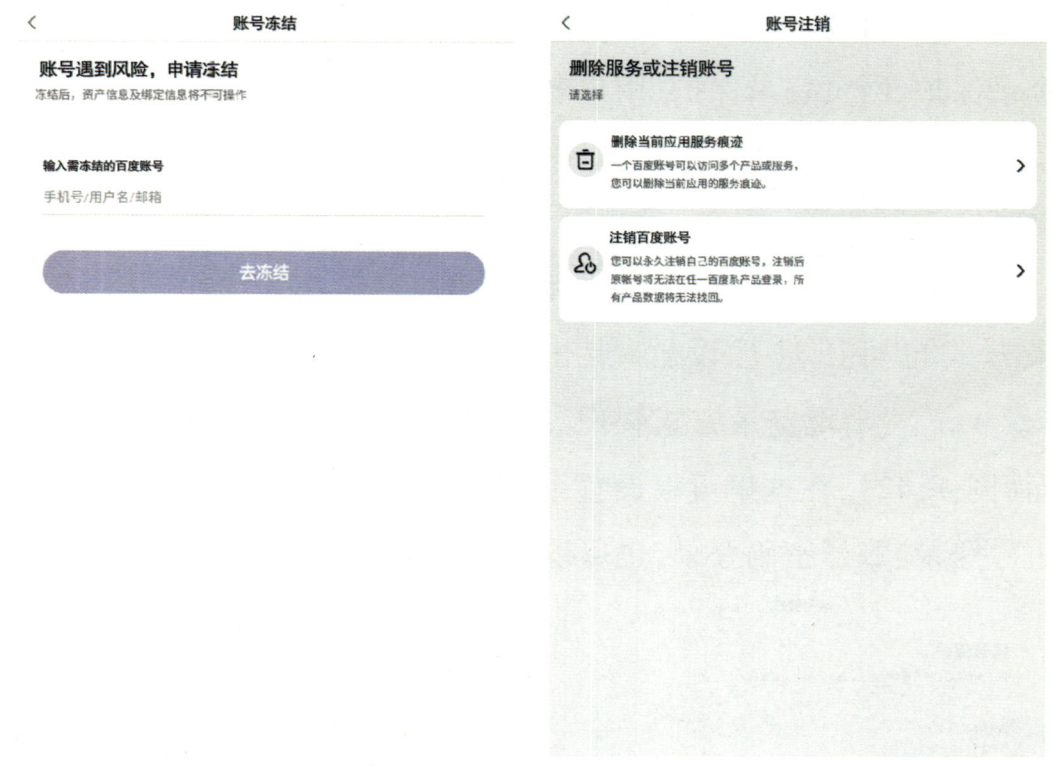

图4-43　账号冻结界面　　　　图4-44　账号注销

2.通用设置。首先点开通用设置,进行地图显示大小设置(图4-45),可以根据自己的习惯,将地图设置为小、标准、大、特大四个等级。屏幕常亮、旋转手势开关、图区缩放开关、切换视角开关、Wi-Fi下自动更新、图区显示家/公司地点、显示推测家/公司地点、通知栏查看回家去公司路况、首页图区提示气泡、首页极端天气动效开关,这些设置都是可以根据自己的需要进行设置的(图4-46)。

第四章　安全出行与移动支付

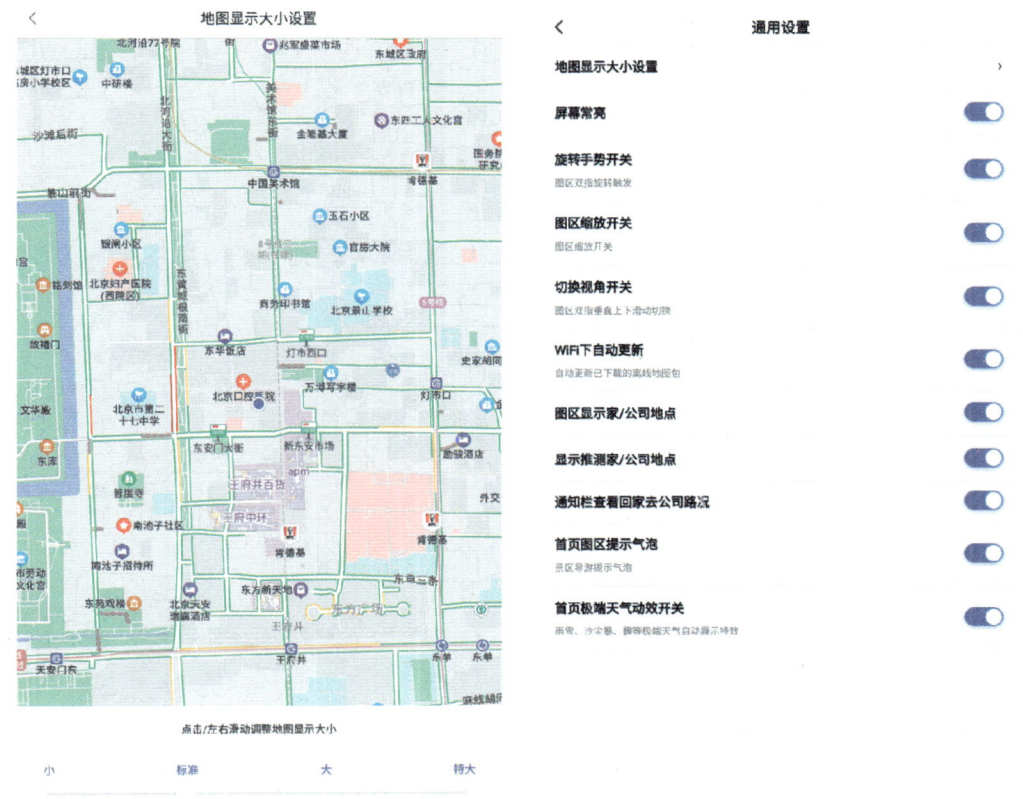

图 4-45　地图显示大小设置　　　　图 4-46　通用设置

3. 导航设置。在导航设置中,可以添加车牌信息,点击"添加>"页面跳转到添加车牌信息界面(图 4-47);添加完车牌信息后,可以勾选车牌限行,开启后会避开限行路线。通行证管理设置中,添加通行证后,可规划穿过限行区域的路线;路线偏好设置中,可以根据自己的情况选择智能推荐、躲避拥堵、时间优先、少收费、不走高速、高速优先;选择好后可以勾选记住路线偏好,开启后偏好默认长期生效。

在以上设置完成后,还可以进行其他的设置(图 4-48),比如提示声音,开启后智能播报避堵信息,帮助选路;还可以对导航中的语音进行设置,里面分为播报内容和明星语音。

老年智慧科技生活

图4-47　添加车牌信息

图4-48　导航设置中的其他设置

语音设置中,可以说"小度小度"唤醒智能语音功能,摇一摇语音查询、自动同步联系人姓名到服务端词库、推荐气泡、语音助手中展示非默认语音包头像、使用帮助及隐私设置指引。

隐私设置中,可以设置系统隐私权限、出行记录设置、自动同步联系人姓名到服务端词库、首页智能推荐设置、程序化广告设置、个性化推荐设置(图4-49)。系统隐私权限中可以对定位、麦克风等权限管理,在"权限/权限管理"

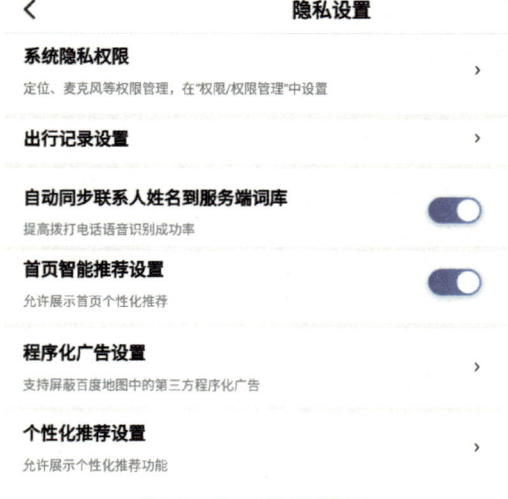

图4-49　隐私设置

第四章 安全出行与移动支付

中设置;自动同步联系人姓名到服务端词库能提高拨打电话语音识别成功率;首页智能推荐设置,允许展示首页个性化推荐;程序化广告设置,支持屏蔽百度地图中的第三方程序化广告;个性化推荐设置,允许展示个性化推荐功能。

(三) 百度地图的使用

经过前面的操作完成了百度地图账号的注册和百度地图的基础设置,下面就可以直接使用百度地图了。

1. 选择目的地。打开百度地图首页,会看到主界面(图4-50)。在百度地图主界面可以看到有搜索框,比如想去北京天安门,可以在搜索框中输入"北京天安门"(图4-51)。

图4-50 百度地图主界面

图4-51 搜索北京天安门

159

2. 路线的选择。点击"到这去",在"我的位置"中,输入"清华大学",这里"我的位置"也可以是默认为当前位置,设置好显示出行路线(图4-52),可以选择新能源、打车、驾车、公共交通、智行、步行、骑行、货车,根据不同的出行方式选择后,会有不同的出行路线。比如选择公共交通出行,如图4-53所示。

图4-52 出行路线

图4-53 选择公共交通出行

3. 开始导航。路线选择后,点击开始导航,按照语音提示前往目的地即可到达。

三、携程旅行——用携程,出门无忧

(一)携程旅行账号注册

在使用携程旅行时,如果没有账号,可以先进行账号的注册。

第四章　安全出行与移动支付

1. 点击"注册",出现携程用户注册协议和隐私政策,点击"同意"并继续。

2. 输入手机号,获取验证码。输入验证码,就可以注册成功了(图4-54)。

(二)携程旅行的基础配置

携程旅行账号注册完成后,开始对携程旅行进行基础配置。

1. 个人信息设置。在个人信息设置中,可以编辑个人资料(图4-55)。可以更换头像,填写真实姓名、社区昵称、性别、生日、地区。

图4-54　注册成功界面

图4-55　个人资料设置

2. 账号安全设置。在账号安全设置中(图4-56),可以修改绑定手机,修改登录密码,对账号进行关联,最近登录历史对登录设备进行管理,永久注销账号。

3. 支付设置。在支付设置中(图4-57),有实名认证、安全验证手机、支付密码、免密支付/自动扣款这4种功能。实名认证采用智能加密技术,实时保障信息安全。安全验证手机中可以修改安全验证手机,方式有三种:通过原手机号码修改、通过验证本人银行卡修改、通过验证人脸修改。支付密码中可以修改/找回支付密码,有三种方式:通过验证原手机号/邮箱找回、通过验证本人银行卡找回、通过验证人脸找回。免密支付/自动扣款中可以开通支付宝免密支付,开通后将自动从支付宝账户扣款。

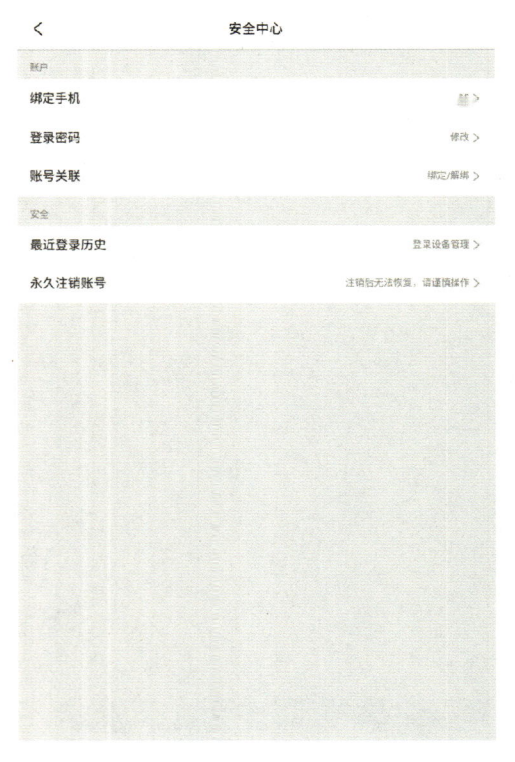

图4-56　账号安全设置

图4-57　支付设置

4. 个人主页换肤。在这个功能下,可以根据自己的习惯,选择喜欢的皮肤更换到个人主页上。

第四章 安全出行与移动支付

（三）携程旅行的使用

1. 酒店预订。在首页中点击酒店（图4-58），完成验证后，页面跳转出现选择日期、位置、价格信息等，这些信息确定好之后点击查询就可以了（图4-59）；点击查询后，会根据用户的选择推荐合适的酒店（图4-60）；根据需要就可以查看适合的酒店进行预定了，比如选择北京天伦松鹤大饭店，点击进去后，进行预订就可以了（图4-61）。

图4-58 预订酒店验证

图4-59 预订酒店查询

2. 机票预订。在携程旅行中，预订机票，可以填写好时间、出发地和目的地、单程、往返、多程，设置好这些后点击"查询"（图4-62）；即可查看到自己所需的机票情况，根据自己的时间点选择相应的机票进行购买（图4-63）。

图 4-60　预订酒店查询结果

图 4-61　选择酒店

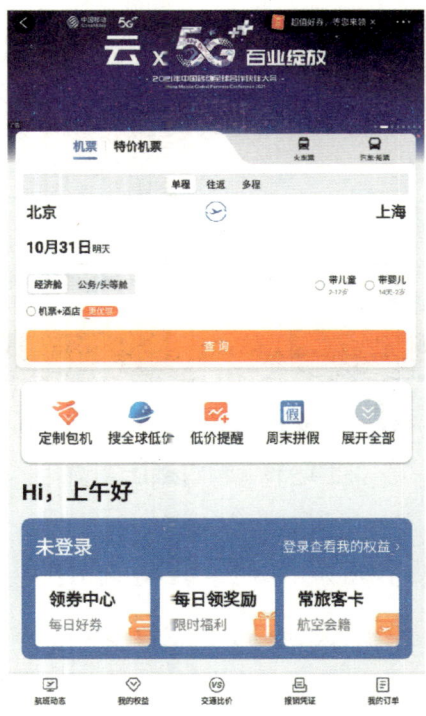

图 4-62　预订机票

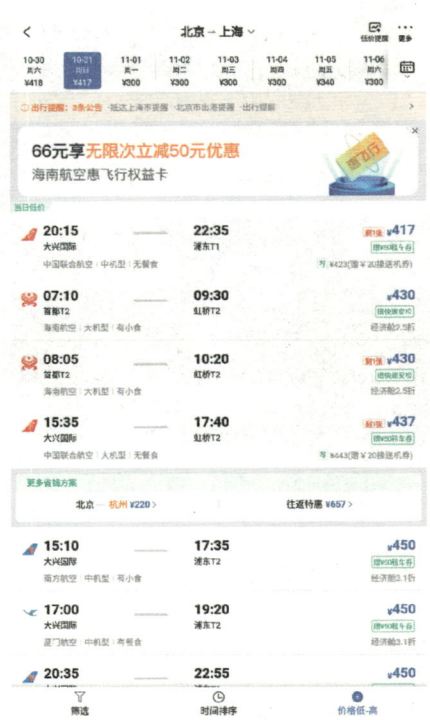

图 4-63　机票时间点

3. 预订火车票。使用携程旅行预订火车票,同样需要填好出发地和目的地、出发日期、单程或往返、国内火车或境外火车;选择好相应的信息后,点击"查询"(图4-64);会出现相应的火车时间表,根据需要选择相应的车次进行购买就可以了(图4-65)。

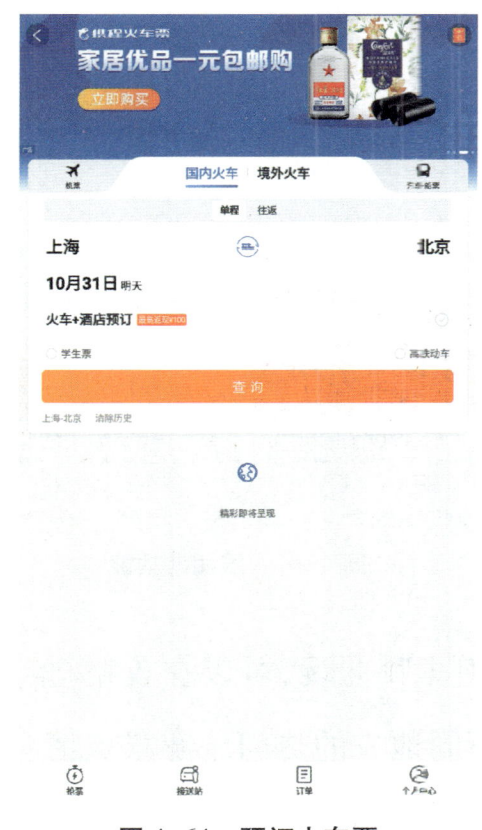

图4-64　预订火车票

图4-65　火车信息

4. 旅游功能。如果想要出去旅行,可以在首页点击旅游,会出现跟旅游相关的信息(图4-66),可以根据自己的情况选择跟团游、私家团、主题旅行、游轮、高端游、自由行、定制旅行、门票活动、一日游、向导包车;也可以选择滑雪、亲子出游、旅拍跟拍、公司团建。比如选择跟团游(图4-67),可以根据想去的地方,进行选择。

老年智慧科技生活

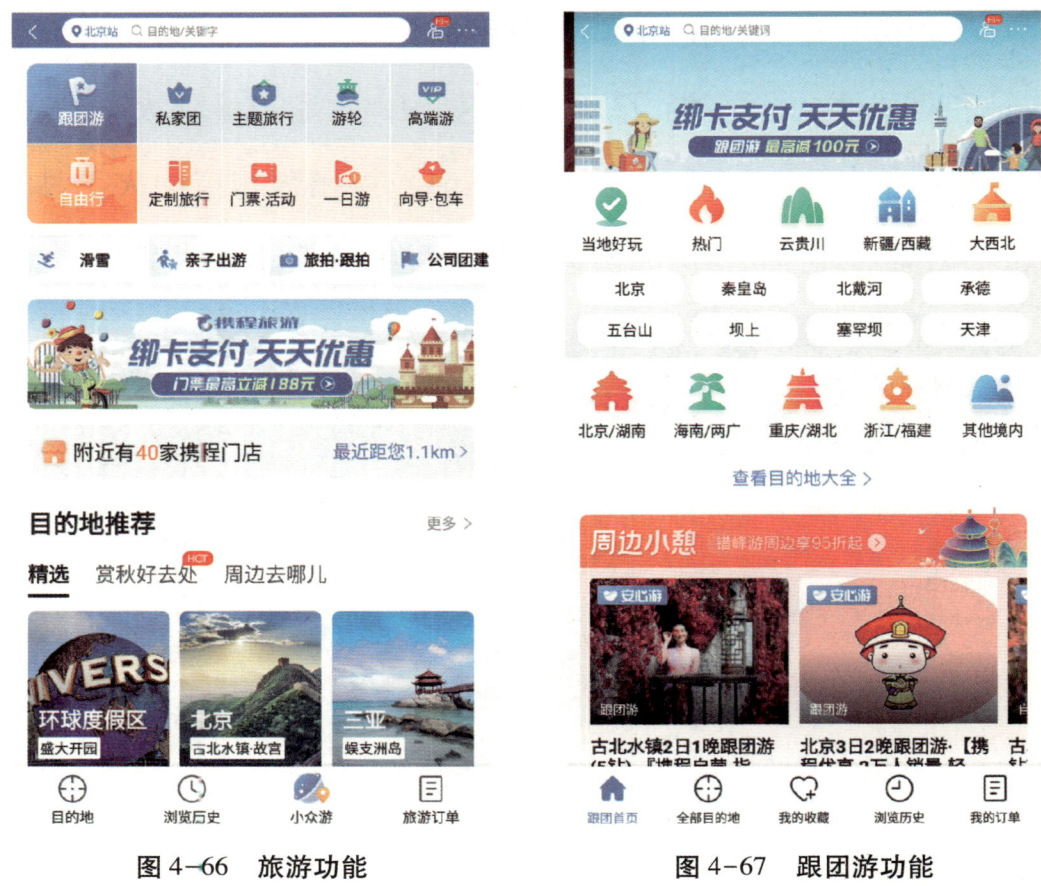

图 4-66　旅游功能　　　　　图 4-67　跟团游功能

5. 攻略/景点。如果暂时不知道去哪儿玩,可以在攻略/景点中做功课(图 4-68),查看推荐的不同地方的热门旅游景点情况,查看景区的旅游攻略,足不出户就可以欣赏到美景、美食(图4-69)。

还有一些功能,民宿/客栈、机票+酒店、汽车/船票、门票/活动、美食购物、酒店套餐、接送机/包车、租车、周边游等,可以根据需要进行选择。

第四章　安全出行与移动支付

图 4-68　攻略/景点　　　　　图 4-69　选择景点

四、去哪儿旅行——低价轻松出行

(一)去哪儿旅行账号注册

要想使用去哪儿旅行 APP,首先要注册去哪儿旅行账号。步骤如下:

1. 在手机上找到去哪儿旅行图标,点击进入首页,点击右下角"我的"(图 4-70),之后点击左上方的"登录/注册"(图 4-71),点击完成之后输入手机号使用手机号进行注册。

2. 输入手机号后,勾选"已阅读并同意《用户服务协议》《隐私政策》及《内容平台协议》",勾选后点击获取验证码。在获取验证码之前可以点击《用户服务协议》《隐私政策》《内容平台协议》来查看其具体内容。

老年智慧科技生活

图 4-70　去哪儿旅行界面

图 4-71　手机号注册登录界面

3. 收到验证码之后，输入验证码，即可完成注册（图 4-72）。

（二）去哪儿旅行的基础设置

去哪儿旅行账号注册完成后，可以根据自己的喜好和习惯进行基础设置。接下来我们一起来看下如何进行去哪儿旅行的基础设置吧。

1. 首先进入去哪儿旅行首页，点击右下角"我的"后，页面进行跳转到个人信息界面，此时点击右上角的"◎"图标，进入去哪儿旅行的基础设置界面。

图 4-72　注册完成界面

第四章　安全出行与移动支付

2. 在去哪儿旅行的基础设置界面可看到个人信息、实名认证、账户安全、支付设置、登录设备管理、系统设置这些设置，想要对个人信息进行设置只需要点击头像即可进入个人信息设置界面。

进入个人信息界面，可以看到有头像、昵称、手机、邮箱、实名认证、学生认证、常居地、性别、出生日期这些内容。头像设置中，可以更改头像，想要换的头像可以从系统给的一些头像中选择，也可以直接拍照作为头像，还可以从相册中选择一张已有的照片作为头像；昵称中可以修改为具有自己特色的昵称；手机设置中，可以对手机号进行更改设置新手机号，此时需要输入新的手机号并验证；邮箱中，可以绑定一个自己的邮箱；实名认证（图4-73）中，为了提高账户安全等级，尊享金融特权可以进行实名认证，认证方式有：银行卡认证、微信认证、支付宝认证、港澳台证件认证（限我国港澳台地区人士）、护照认证（限外籍人士）；学生认证（图4-74）为学生专享，低价特惠，目前只支持大陆及我国港澳台地区在校大专及以上学历学生，需要填写学生的姓名、身份证号、学校名称、入学时间和证件上传，其中证件上传需要上传学生证或录取通知书（含封面、姓名、学校名称、入学日期），填写完以上信息后点击马上认证，这里需要注意的是进行学生认证前，请先实名认证；常居地中可以设置自己的常居地。

3. 账号安全中，可以设置登录密码、修改登录密码、设置手机密码、实名认证、密保管理、注销账户；设置登录密码中需要进行短信验证，输入短信验证码后进入设置密码界面，需要输入8～30位字符的数字、英文和符号中至少包含两种（空格除外）作为密码；修改登录密码（图4-75），需要先输入原密码，确认身份，输入原密码

老年智慧科技生活

图 4-73　实名认证

图 4-74　学生认证

后,设置新密码,同样需要输入 8~30 位字符的数字、英文和符号中至少包含两种(空格除外)作为密码,设置了新密码后(图 4-76),点击完成即可;密保管理中(图 4-77),可以通过密保问题进行相关安全操作,能设置三个密保问题和对应的答案;注销账户(图 4-78),当不想使用去哪儿旅行 APP 时可以对账号进行注销,账号注销后,将放弃以下权益和资产:①你的身份、账户信息将清空;②会员权益将清空;③交易记录将清空且无法恢复(请确保所有交易已完结且无纠纷,账户删除后历史交易可能产生的资金退回权益等将视作自动放弃)。

第四章　安全出行与移动支付

图 4-75　修改登录密码　　　　　　图 4-76　设置新密码

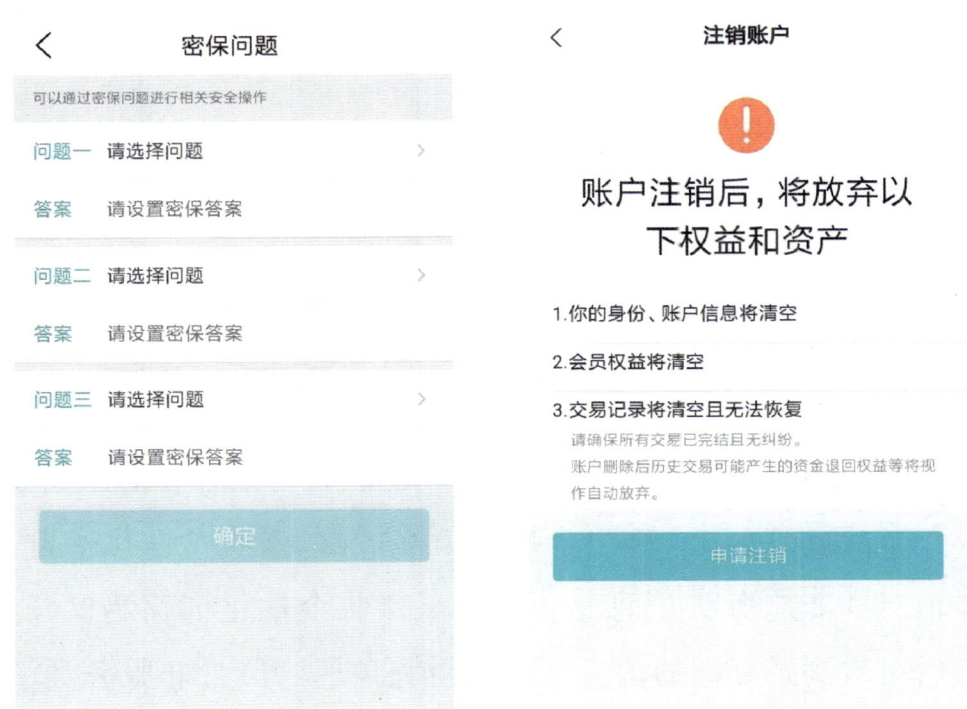

图 4-77　密保问题　　　　　　图 4-78　注销账户

4. 账号关联。可以关联微信、支付宝、铁路12306（图4-79）。

5. 支付设置（图4-80），可以设置支付密码。设置支付密码时需要添加银行卡（图4-81），根据不同银行要求，需要填写银行卡卡号、姓名、证件类型、证件号、手机号、CVV或有效期中的特定信息用于银行卡验证。

图4-79　账号关联　　　　　　图4-80　支付设置

6. 登录设备管理。可以管理登录设备，保护账号信息安全。

7. 系统设置（图4-82）。可以清除缓存、接收个性化推荐、服务类消息和非服务类消息是否开启。接收个性化推荐建议开启，开启后可看到感兴趣的内容；服务类消息默认开启，非服务类消息根据个人的情况进行选择。

第四章　安全出行与移动支付

图 4-81　添加银行卡

图 4-82　系统设置

（三）去哪儿旅行的使用

去哪儿旅行账号注册完成并完成了基础设置后,可以根据个人的旅行安排提前预订机票、火车票、酒店、景点门票等。

1.订票(以机票为例)。首先,进入去哪儿旅行首页后,点击首页中的"机票",进入机票搜索页面,根据将要出行的安排,选择起点、目的地、日期、舱位等,点击"搜索",然后会出现相应的搜索结果。

在搜索结果中选择适合自己的班次及航空公司,选择完成后进入填单页界面(图 4-83),此时需要填写乘机人姓名及有效证件号码,填写完成后点击"下一步",进入支付界面(图 4-84),支付成功后即可完成机票预订。

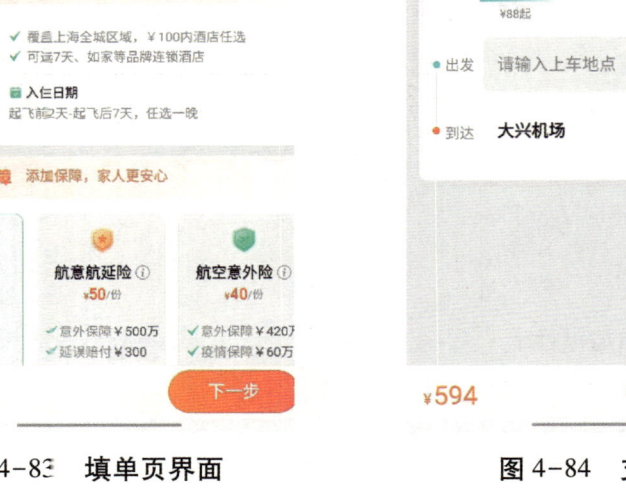

图 4-83　填单页界面　　　　图 4-84　支付界面

火车票、汽车票、船票的订票步骤与机票订票步骤基本一致，只要按照步骤进行即可完成订票。

2. 酒店预订。在去哪儿旅行 APP 首页点击"酒店"，即可进入酒店搜索界面，在搜索界面输入需要住宿的地址、时间后点击开始搜索，会出现酒店信息。

根据自己搜索出来的酒店信息选择自己喜欢的酒店，在自己喜欢的酒店上点击"查看酒店信息"，选择好房间数和房间类型，填入入住人姓名和手机号，填写完成入住信息后点击去支付，支付完成后，即可完成酒店预订。

第四章　安全出行与移动支付

3.景点门票预订。在去哪儿旅行 APP 首页点击"景点门票",进入景点门票搜索界面(图 4-85),此时需要先设置想要去旅游的城市,城市设置完成后,输入想要去游玩的景点,点击"搜索"即可出现相应景点信息(图 4-86)。

图 4-85　景点搜索界面 　　　　图 4-86　景点搜索结果界面

根据自己的情况,选择日期后(图 4-87),点击"预订",选择购买数量、填写游客姓名、填写游客手机号、填写游客有效证件号码,填写完成以上信息后点击"提交订单"(图 4-88),即可完成门票预订。

老年智慧科技生活

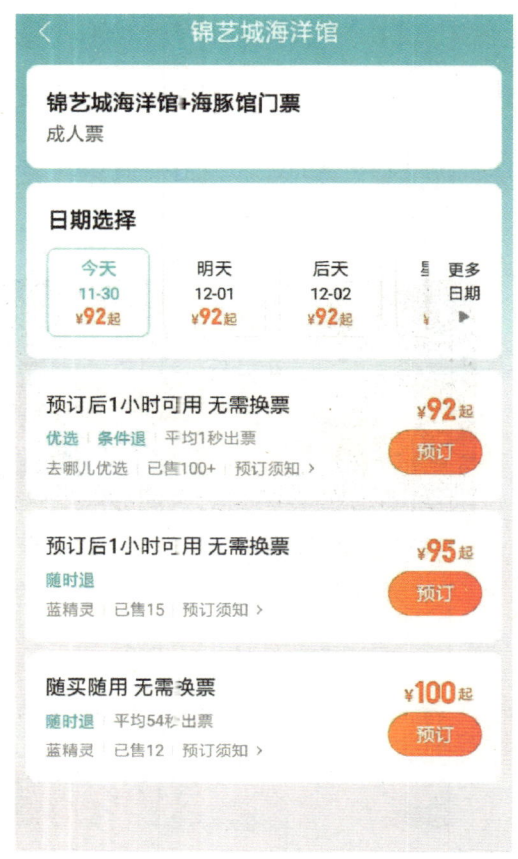

图 4-87　门票预定界面

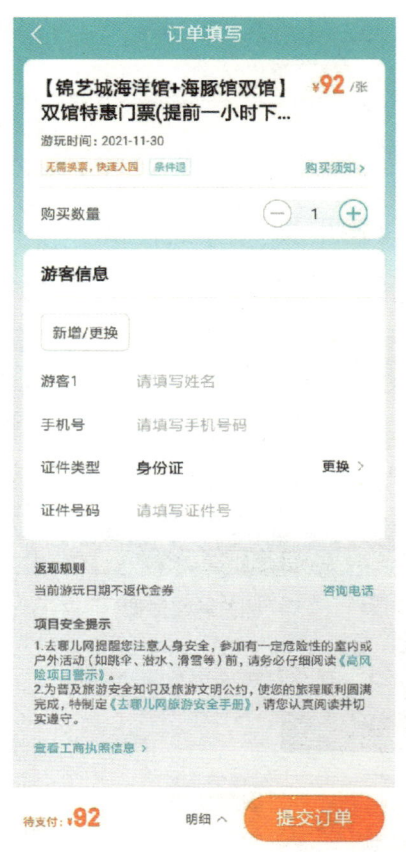

图 4-88　支付界面

五、有道翻译官——出国旅行的好帮手

想要出国旅行,害怕语言不通,不用担心,可以使用有道翻译官。

在有道翻译官页面的右上角,点击" ",会出现登录、设置界面(图 4-89),在此页面的右上角可以选择自己的基本情况,如小学生、初中生、高中生、大学生、研究生、上班族、家长等(图 4-90)。

第四章　安全出行与移动支付

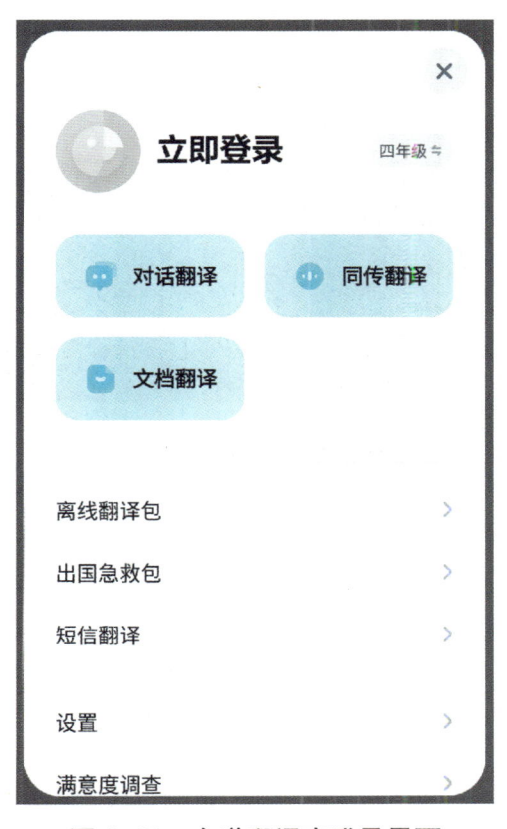

图 4-89　有道翻译官登录界面

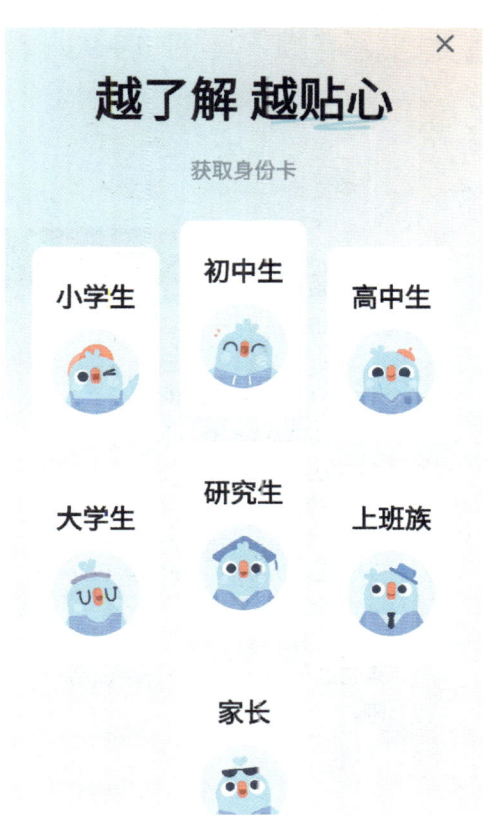

图 4-90　获取身份卡

（一）对话翻译

如果选择对话翻译，则点击或长按下方按钮开始说话就可以了。在对话翻译的最上端可以设置语言转换的形式，比如中文转换成英文（图 4-91）。在对话翻译的右上角点击"  "，可以进行发音设置，正常语速、美音模式、自动发音三种模式。

（二）同传翻译

同传翻译中点击麦克风说话就可以实现同传翻译了。在同传翻译中，还可以开启同传直播。

（三）文档翻译

在文档翻译中，选择好文档语言和目标翻译语言，点击上传本地文档就可以了(图 4-92)。同时,还可以翻译其他 APP 中的文档。

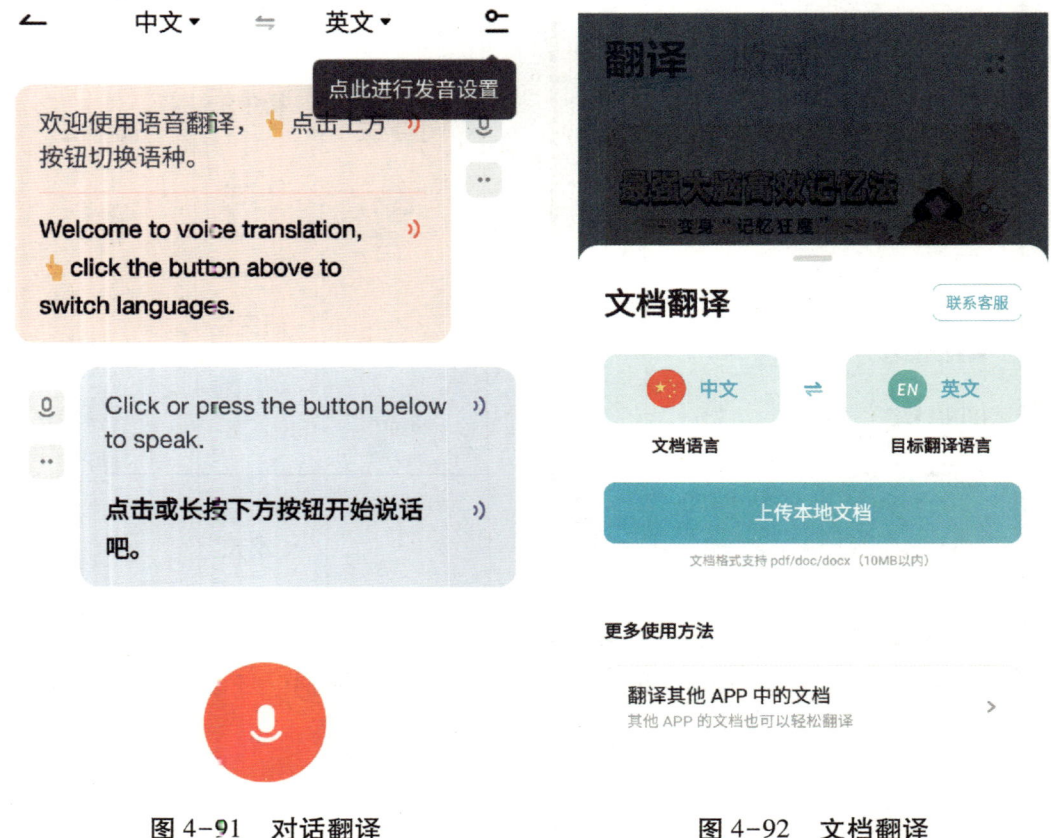

图 4-91　对话翻译　　　　　　图 4-92　文档翻译

(四) 输入翻译的文字或网址

在有道翻译官的首页中输入翻译的文字或者网址(图 4-93),可以对文字和网页进行翻译。

(五) 拍照翻译

拍照翻译中有三个功能:表情翻译、拍照翻译、取词。

(六) 语音翻译

有道翻译官可以直接进行语音翻译(图 4-94)。

第四章　安全出行与移动支付

图 4-93　输入翻译的文字或网址　　　　图 4-94　语音翻译

第二节　移动支付——方便又快捷

　　李爷爷和王奶奶想在春暖花开的时候去欣赏祖国的大好河山,但是现在很多景点和商店使用的是移动支付,他们平时使用现金比较多,要是出远门带那么多现金也不方便,刚好他们的孙子李晓刚在家过暑假,于是他们就向孙子请教出远门怎么使用移动支付。

　　李爷爷:"晓刚,你能教教我和奶奶如何使用移动支付吗?"

　　晓刚:"当然可以,现在使用手机进行支付方便又快捷。"

　　王奶奶:"我们已经下载好了,之前你教过我们下载软件,可是没教如何使用。"

晓刚:"好的,爷爷奶奶,那下面我就教一下你们如何使用移动支付吧。"

一、"微信"支付

(一)"微信"扫码支付

1. 用户扫商家收款二维码进行支付。用"微信"扫码支付时,在"发现"右上角点击"⊕"会出现"扫一扫"(图4-95),此时只需要将手机摄像头对准商家的收款二维码就可以进行扫码支付了;或者是在"发现"中直接点击"扫一扫",同样的将手机摄像头对准商家的收款二维码进行扫码支付;扫完商家收款二维码后,输入指定的金额,最后输入支付密码就完成了微信扫码支付。

2. 商家扫用户的付款二维码进行支付。有的商场使用的是扫描用户的付款二维码进行支付,此时在微信支付界面点击"收付款"(图4-96),页面进行跳转可以看到向商家付款的二维码,此时出示给商家就可以了。

(二)"微信"发红包

1. 给微信好友发红包。想要给微信好友发红包,怎么做呢?需要找到对方的聊天框,点击聊天框最右侧的"⊕",此时会出现"🧧"图标(图4-97),点击这个图标后页面进行跳转,再输入想要发送的单个金额、红包说明、红包封面,将这三项确定好后,点击"塞钱进红包"(图4-98)。然后选择好支付方式,输入支付密码,此时红包就发送成功了,等待对方接收就可以了。

第四章　安全出行与移动支付

图 4-95　微信扫一扫界面

图 4-96　微信支付界面

2. 发群红包。当需要在群里发红包时,同给微信好友发红包一样,点击群对话框最右侧的"⊕",再点击"🧧"图标,此时页面跳转,输入红包的个数和金额、红包说明、红包封面,设置好后点击"塞钱进红包"(图 4-99)。然后选择好支付方式,输入支付密码,就将群红包发送成功了。

图 4-97　微信发红包

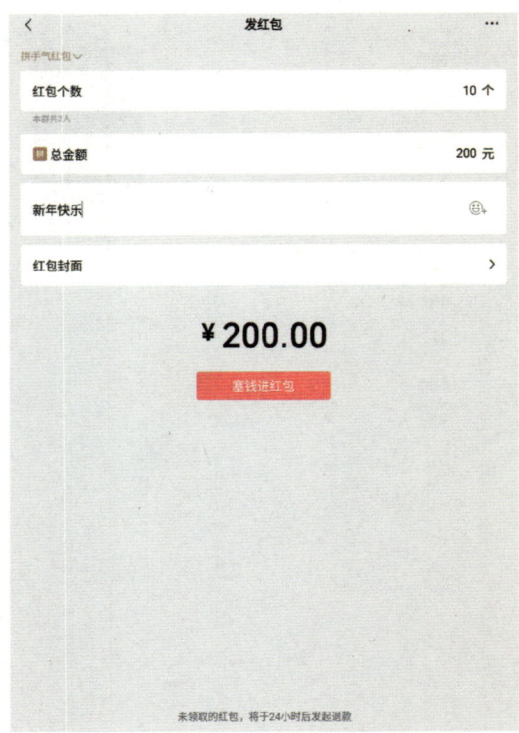

图 4-98　输入红包金额　　　　图 4-99　设置微信群红包

(三)"微信"收款

当需要收款的时候,可以将自己的收款码出示给对方,让对方扫码就可以了。

二、"支付宝"支付

(一)"支付宝"扫码支付

支付宝具有扫码支付的功能,当需要向商家付款时,只需要在支付宝首页点击"扫一扫",将手机摄像头对准商家的收款二维码,即可进行支付;同样的可以在支付宝右上角点击"⊕",出现"扫一扫"的功能,点击"扫一扫",将手机摄像头对准商家收款二维码就可以了(图 4-100)。

第四章　安全出行与移动支付

（二）"支付宝"二维码付款

在支付宝首页选择"收付款",点击进去之后,看到有向商家付款的二维码,此时只需要将此二维码出示给商家即可进行付款。

（三）"支付宝"二维码收款

在支付宝首页右上角点击"⊕",出现二维码收款,点击进去,即可进行支付宝二维码收款。

（四）"支付宝"转账

在支付宝的首页点击转账,可以转到支付宝、转到银行卡、发红包等(图4-101)。

图4-100　"支付宝"扫码支付

图4-101　"支付宝"转账

三、"云闪付"支付

（一）二维码收付款

在云闪付的首页点击"收付款"（图4-102），会出现向商家付款的二维码，此时将二维码出示给商家就可以付款了。也可以在收付款的页面点击收款，将收款二维码出示，通过扫收款码，进行收款。

（二）云闪付出行

使用云闪付出行，乘坐地铁和公交时可以直接通过刷乘车二维码进行付款。

（三）"扫一扫"付款

在云闪付的首页点击"扫一扫"，可以通过扫码进行付款。

图4-102 云闪付首页

第五章　手机拍照

第一节　手机拍照——留住美好瞬间

随着科技的不断发展,智能手机的拍照配置越来越高,一些高端机型的拍照效果甚至已经足以与卡片相机相媲美,现如今,手机用户已经习惯了豪华相机配置,但就在短短20年前,手机相机还几乎是零,可见其发展有多快。

1999年5月,第一款搭载摄像头的手机诞生,这就是京瓷VP-210。京瓷VP-210前置一枚11万像素的自拍镜头,手机只能存储20张照片。其虽然具有划时代的意义,但由于当时的手机用户并不在意拍照功能,而且11万像素的摄像头并不具有实际拍照功能,所以京瓷VP-210并没有流行起来。2000年发布的后置摄像手机三星SCH-V200和夏普J-SH04也遭遇同样的处境。

2007年,苹果推出第一代iPhone;2008年,HTC发布全球首款搭载安卓系统的手机HTC Dream;这两款机型被视为实际意义上第一批现代智能手机中的代表机型。两款机型均配备有后置摄像头,初代iPhone相机为200万像素,HTC Dream则达到315万像素,并支持自动对焦。它们的登场,使得拍照成为各大手机厂商关注的一个焦点。

2010年,苹果推出了旗下首款前置摄像头机型iPhone4。尽管iPhone4的前置摄像仅具有30万像素,但其仍凭借强大的品牌号召力,带动了手机行业前置摄像的发展。

至此,拍照已经成为智能手机领域一个备受重视的功能。随后几年间,各大手机厂商展开了分辨率竞赛。苹果后置摄像头的分辨率从iPhone4的500万像素,到iPhone4S的800万像素,再到iPhone6S的1200万像素。安卓手机分辨率的第一个高峰出现在2013年。三星Galaxy S4后置1300万像素单摄;索尼Xperia Z1的摄像头达到2100万像素;最经典的诺基亚Lumia 1020的后置摄像更是达到了惊人的4100万像素。

待手机相机像素达到一定水准后,厂商开始从深层次探索提升手机拍照技术的方法,此时,选择更好、尺寸更大的传感器,成为手机厂商的主流选择。比如2016年的谷歌第一代Pixel手机,虽仅搭载1230万像素单摄,但传感器尺寸达到1.55μm,拍照效果有不小提升。2016年2月,LG-G5发布,其搭载1600万像素主摄+800万像素广角镜头的双摄组合;2016年4月,华为P9发布,搭载1200万像素彩色镜头+1200万像素黑白镜头的双主摄;2016年9月,iPhone 7Plus发布,同样配备双1200万像素镜头。这三款手机的登场,将智能手机带入了多摄像头时代。

如今的智能手机摄像配置,处于三管齐下的情况,摄像头多、像素高、传感器也大,正因如此,手机拍照实力越来越强大。

第五章　手机拍照

一、如何使用手机相机

1. 屏幕上找到相机图标。点开后默认使用的为后置摄像头，通过晃动手机选择拍摄景观。如果使用自拍，选择旋转按钮前置摄像头（图 5-1）。

2. 根据手机型号的不同，拍照效果分多种模式，根据拍摄目标的不用选择合适的操作模式（图 5-2）。

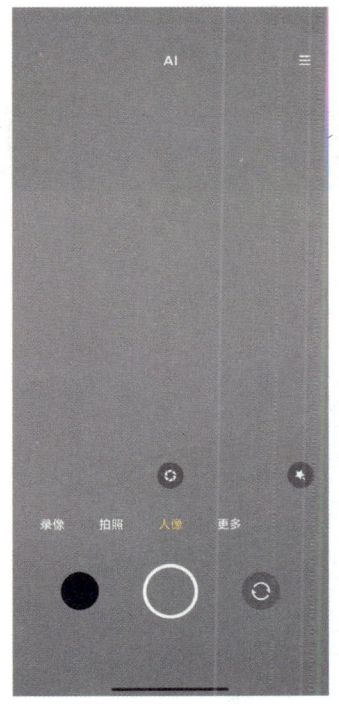

图 5-1　相机开启

图 5-2　模式选择

上面只是简单的美颜效果，如果想使拍摄效果更好，可以点击"参数设置"（图 5-3）。

3. 拍摄完毕后会发现下面有一排的设置功能，可以对图片进行更近一步美化设置，调整完毕后，点击按钮保存（图 5-4）。

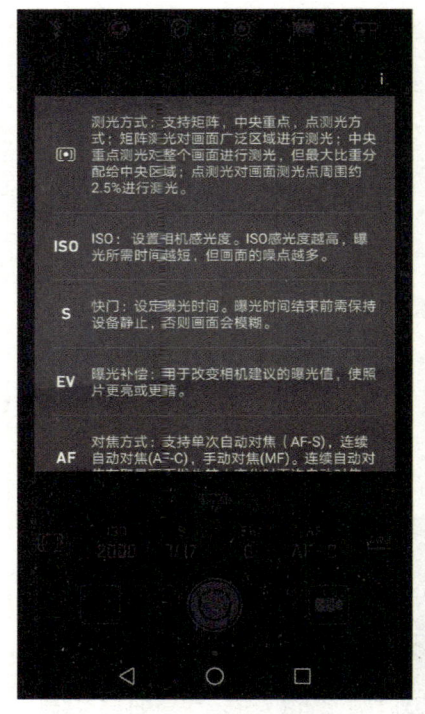
图 5-3 参数设置

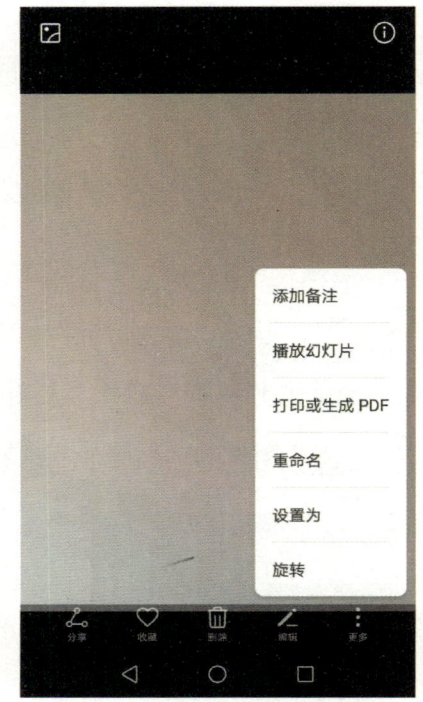
图 5-4 修改保存

也可以点击"一键美颜"按键,快速处理照片(图 5-5)。

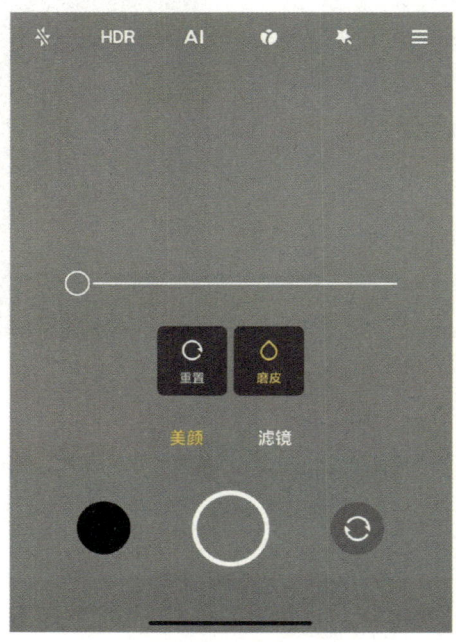
图 5-5 美颜处理

第五章　手机拍照

二、查看相册

首先我们解锁手机,在手机桌面找到相册,点击进入即可(图5-6)。

当打开相册界面,可以查看已经拍摄的图片。图片按照拍摄的时间由近到远排序。通过勾选图片可以对图片进行相关操作。(图5-7)。

图5-6　打开相册

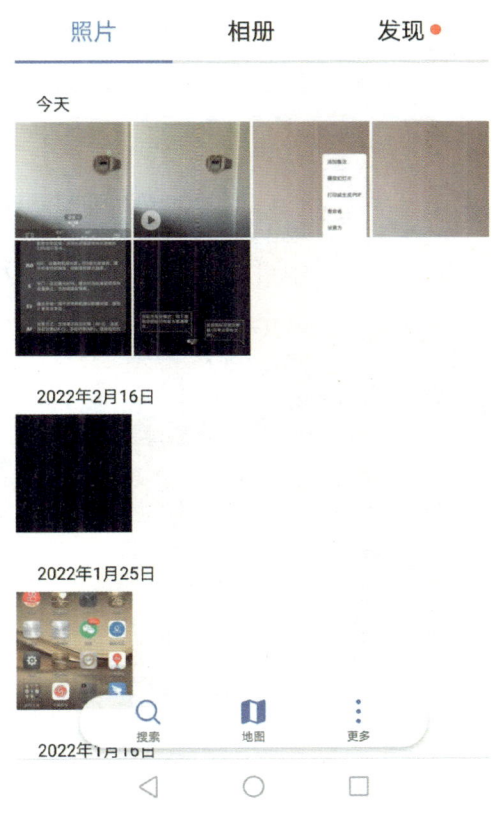

图5-7　操作图片

老年智慧科技生活

第二节　如何使用证件照

裁剪证件照一直是一件很痛苦的事,很麻烦,那么怎样才能轻松地裁剪证件照呢?其实也不用那么麻烦,用手机重新拍一张你要求的尺寸不就好了。

一、支付宝证件照

1. 拿出我们的手机,找到并打开支付宝,并登录我们的账号,(图5-8)。

2. 可以通过上方搜索"证件照拍摄"或者点击"更多",找到"便民生活"→"市民中心"(图5-9、5-10)。

图5-8　登录支付宝

图5-9　打开更多

第五章 手机拍照

点击"更多服务"→"其他"→"证件照拍摄"(图 5-11)。

图 5-10　市民中心　　　　　图 5-11　证件照拍摄

3. 点击"证件照拍摄"(图 5-12)。

4. 选择我们需要的证件照类型,比如一寸照(图 5-13)。点击"开始拍摄"(图 5-14),即可完成证件照拍摄(可以让朋友帮忙拍摄,后置摄像头肯定比前置效果好)。自己拍,就可以拍到自己满意为止！拍照完成后上传,可以选择把照片分享到其他社交APP 上。

二、最美证件照

1. 应用软件上搜索并下载"最美证件照"APP(图 5-15)。

图 5-12　证件拍照

图 5-13　选择类型

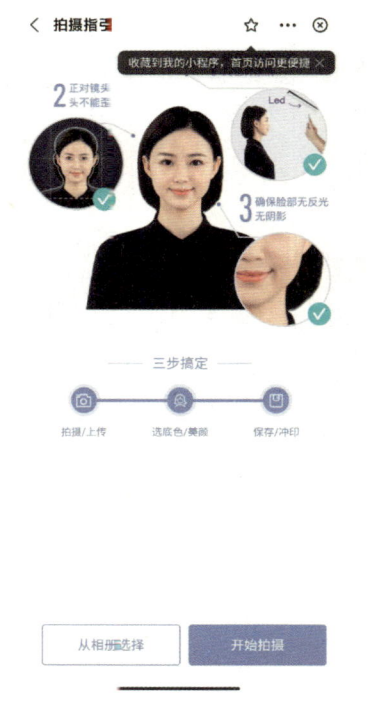

图 5-14　开始拍摄

图 5-15　下载软件

第五章 手机拍照

下载完成后,进入这个软件界面,点击"免费电子版"(图5-16)。

2.进入人脸拍照区进行拍照,照片只拍上半身(图5-17)。

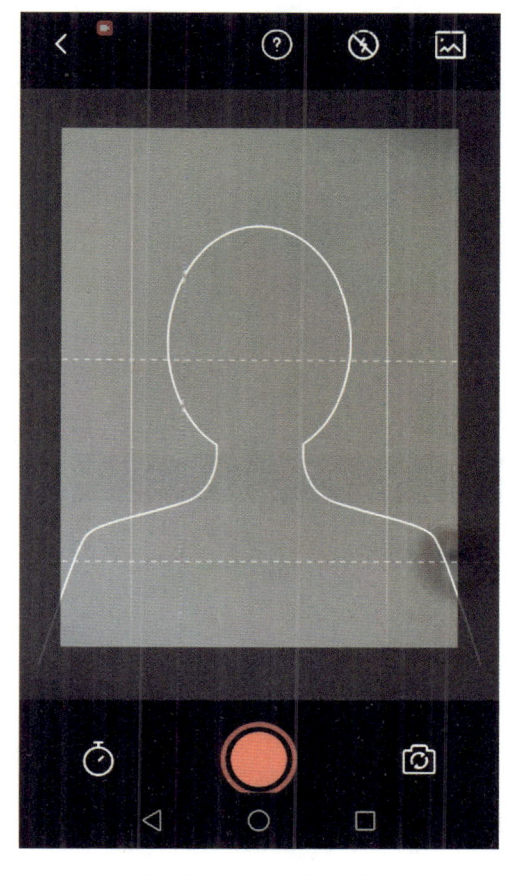

图5-16　拍摄照片　　　　　图5-17　开始拍照

3.照片拍出来后按照片提示进行:背景(选择蓝色背景)、美肤、美白等效果处理后,点击"下一步"(图5-18、5-19)。

4.选择导出规格。选择以后,照片就自动保存在你的相册里(图5-20)。

图 5-18　照片处理

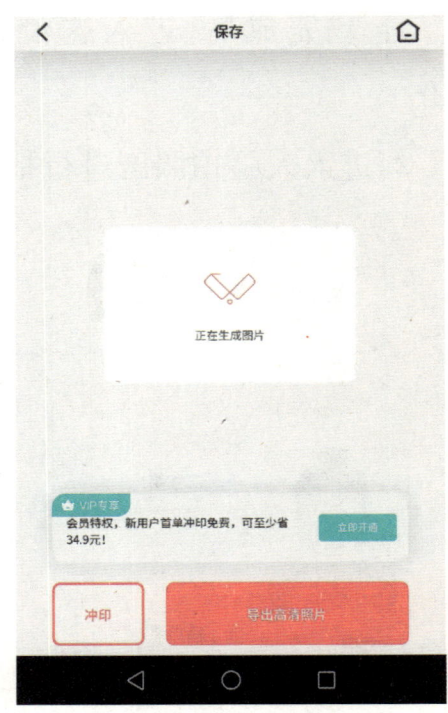
图 5-19　选择导出

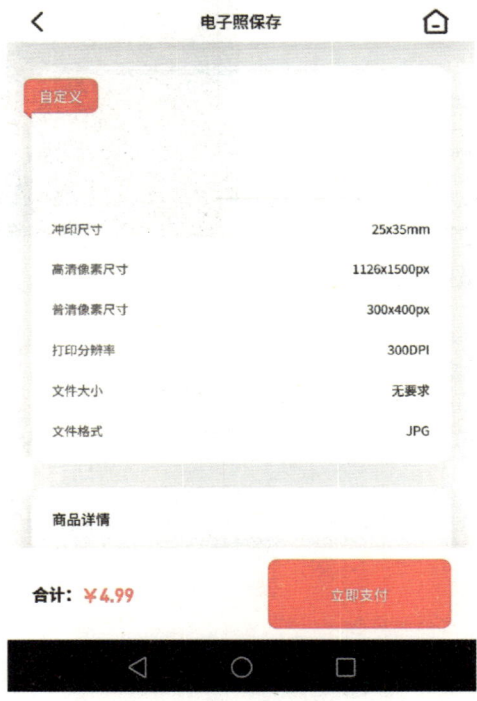
图 5-20　照片规格

第三节 美颜相机——想得美,拍得更美

美颜相机 APP 开发是顺应着潮流还是引导着潮流的变化呢?大家开始对朋友圈、微博等社交媒体发布的照片进行美化,直播开滤镜美颜,拍照使用美颜相机,越来越多的人开始注重自己的外貌。这既是社会发展人们审美观的改变促进了美颜相机 APP 开发又是美颜相机 APP 带领着人们向着这个方向发展。

以前那个没有美颜的时代,我们只能靠着 PS 来修图,但是并不是所有的人都会使用 PS。所以在市场上已经有了这样的潜在用户的需求,于是美颜相机 APP 的出现直接吸引了大量用户,因为使用简单,不需要经过复杂的修图就可以实现一键美颜,只要开启美颜的功能,就能拍出漂亮的照片。

美颜功能从以前的普通磨皮、美白、瘦脸等到现在的 AI 拍照美颜、智能识别、一键美颜,每一个毛孔都能精细识别出来,通过 AI 的模式,使人美得更加自然。美颜相机 APP 更是拥有许多强大的滤镜的功能,满足用户不同的爱好需求。

在拍视频的过程中能够跟踪人脸,还有对裸在外面的皮肤进行同步的美颜,智能跟踪,一边拍一边美颜。在拍完之后还可以对拍完的视频进行简单的剪辑,添加一些简单的特效,添加背景音乐等。最后分享到朋友圈,满足用户的自我表达需求。

随着社会的发展,美颜相机 APP 开发适应着用户对美颜功能的需求,美颜相机 APP 未来的功能必定越来越强大。

一、一键美颜

1. 先回到手机桌面,我们找到美颜相机的图标并点击进入软件(图5-21)。

到达软件页面,可以点击红色的相机进行拍摄精修(图5-22)。

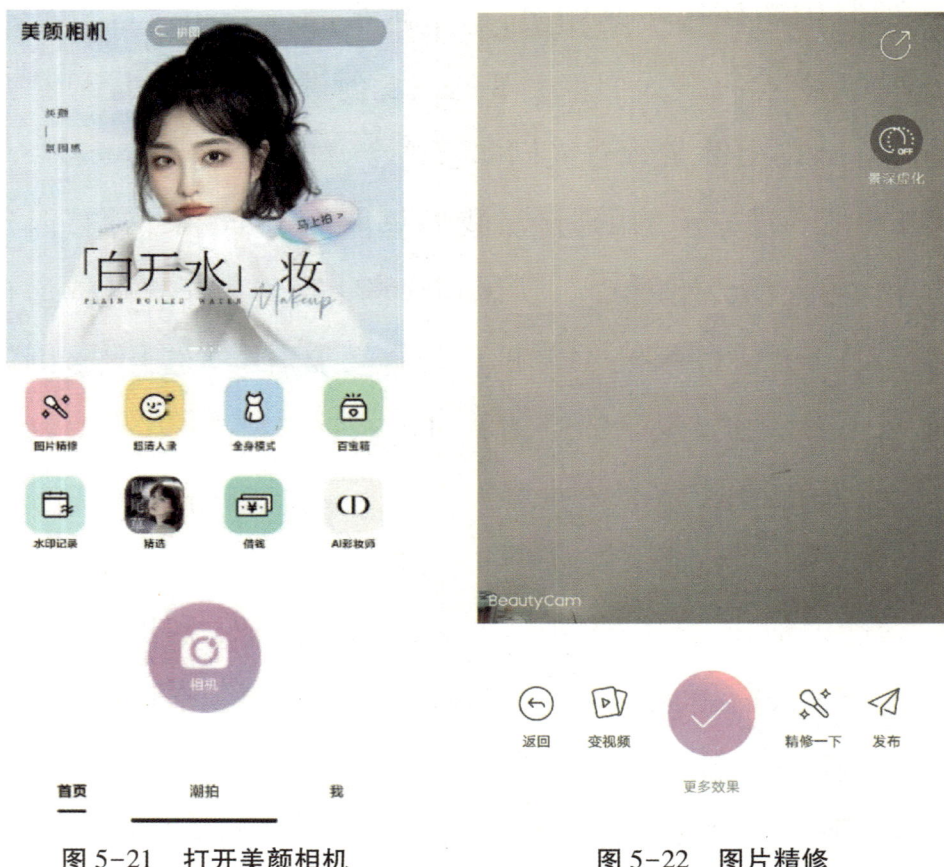

图5-21　打开美颜相机　　图5-22　图片精修

2. 相册打开一张照片进行编辑,点击照片右下方的精修按钮(图5-23)。

如果是对人像精修,在新页面点击底部的美颜菜单,然后点击一键美颜按钮(图5-24)。

第五章　手机拍照

图 5-23　相册精修　　　　　图 5-24　一键美颜

二、美颜相机使用技巧

1. 美颜相机主要用于对人像的美化。在美颜编辑界面,通过点击超清人像,然后拖动滑动条去调整人物的美颜程度,左上方可以选择美颜的级别,右上方可以选择脸部调整的级别(图 5-25)。

2. 美颜相机也可以帮助使用者更好地拍摄。在主页面上分别有超清人像、全身模式、百宝箱和拍视频功能。使用这些额外提供的模式可以在拍摄过程中指导使用者得到更美观的原生图片,如使用全身模式,进入后自行寻找人体并帮助操作者自动构图(图 5-26)。

老年智慧科技生活

图 5-25　经典美颜

图 5-26　原生美颜

第四节　抖音——记录美好生活

截至 2022 年 2 月，抖音日活用户已达 6 亿，用户数超达 8 亿。但有谁能想到抖音 APP 在 2016 年 9 月才发行的，上线的半年里，一直没有得到公众的注意。抖音官方微博的第一条微博也是 2016 年 11 月 2 日发布的，并且微博内容就是一些平台小视频转发，其点赞数和评论数基本上可以忽略不计。可见，这段时间抖音确实没有在运营上面下功夫。那它把重心放在哪儿呢？实际上抖音这一时期属于蛰伏期，重心是打磨产品，不断优化产品性能和体验，并初步寻求市场。例如增加各种特效、滤镜、贴纸和拍摄手法，不断提升音质和画质，使视频加载和播放更流畅，视频拍摄更简单更有趣味。

上线初期，抖音团队致力于摸索主流目标用户的特点，围绕产品核心功能不断打磨产品，没有在运营方面投放过多成本。一个好的产品一定是懂用户的，抖音团队没有在上线产品后就开始大力运营，反而将精力都投放在了产品本身上，个人觉得这反而为后期的用户量爆发式增长打下了基础。因为只有产品好，用户才会愿意停留，愿意传播，如果产品太粗糙，即使用户一时增多，最终也会流失。

接下来是抖音用户量呈爆炸式增长的重要时期，此阶段重在运营推广，积累用户量，全面布局抖音市场。观察以上迭代历史记录可以看出，团队仍然在不遗余力地提高产品性能，打造更酷帅的视频玩法以及更流畅的用户体验。例如新增各种3D抖动水印效果，3D贴纸和酷炫道具，不断提升美颜、滤镜效果，让用户呈现更完美的作品；开创抖音故事、音乐画笔、染发效果和360度全景视频，加入AR相机等更多有趣玩法，让用户创作出更有趣味的作品。与此同时，抖音也加大了运营力度，大手笔地投资了多项综艺，并策划了各种营销活动。

在大力推广产品，扩大知名度的同时，抖音也没有忘记持续优化产品功能，提升用户体验，加大产品的差异化竞争。在此阶段，抖音已经完成了产品的口碑传播，实现了用户量的积累。接下来就需要继续摸索商业模式，实现平台与用户双赢；形成产品的壁垒，实现产品的可持续化发展。

接下来抖音的迭代方向主要有两个：一个是进一步优化举报和评论功能，推出原创音乐人，也就是推行黄 V 认证，挖掘和扶持有潜力的原创音乐人，从而丰富自己的音乐资源。当然也邀请各路明星、网红、达人入驻黄 V，以实现可持续化发展，保证大量优质的短视频。另一个是规范个人及企业在平台上的营销行为，也就是推行蓝 V，延续抖音的带货功能并使其规范合法化。随着 5G 时代的到来，大家吃喝玩乐可能更倾向于抖音，毕竟短视频不管是在产品展示上还是客户评价真实度上都更胜一筹。

一、抖音短视频合拍

1. 找到抖音 APP 图标，点击进入，首页默认推荐现阶段流行的视频，通过上下滑动可以选择不同短视频。

2. 如果想自己拍摄，点击屏幕最下方"-"号，根据自己喜好的风格进行拍摄并发布（图 5-27）。

图 5-27 视频合拍

二、观看喜欢的视频：点赞，收藏，评论

1. 打开手机上的抖音 APP，看到中意的作品后，点赞（白色心变成红心）（图 5-28）。

2. 点开标记评论的地方，然后写上自己的评论语（图 5-29）。

图 5-28　点赞评论

图 5-29　发送评论

第六章　工作、美食与购物

第一节　足不出户远程工作

一、腾讯会议——随时随地即时通讯

腾讯会议具有300人在线会议、全平台一键接入、音视频智能降噪、美颜、背景虚化、锁定会议、屏幕水印等功能,该软件提供实时共享屏幕,支持在线文档协作。为了满足用户日益增长的云上办公需求,腾讯会议也不断对重点功能和服务升级,使用者越来越多。

首先登录注册,新用户可以用手机号发送验证码进行注册,也可以通过微信直接注册登录(图6-1)。

1. 发起会议。点击头像,可以编辑修改自己的名称,这会显示在会议成员列表中。建议认真准确地填写。

2. 加入会议。用于参加他人组织发起的会议。点击"加入会议",您可以快速加入一场会议,输入对方发送给您的"9位会议号"就可以加入该会议(图6-2)。

第六章　工作、美食与购物

图 6-1　登录会议　　　　　图 6-2　加入会议

3. 快速会议。用于立即发起会议。点击"快速会议",您可立即发起一场会议,不需要填写各种会议信息。

4. 预定会议。用于发起计划中的会议。点击"预定会议",您可以指定会议主题,预设会议召开时间,设定会议密码等。可以通过点击会议邀请自动进入会议,也可以用上述输入"会议号"加入会议的方式进入会议(图 6-3)。

5. 会议控制。进入会议后,"腾讯会议"提供了一系列操作按钮,协助进行会议控制(图 6-4)。

6. 退出会议。当身份为主持人时,该按钮为结束会议,点击以后可以选择"离开会议"或结束会议,离开会议是指离开该会议,结束会议是指将会议中的其他成员全部移出。当您身份为成员时,该按钮为离开会议,点击以后可离开该会议。

图 6-3　电脑音频

图 6-4　会议控制

二、钉钉——工作开会两不误

钉钉是阿里巴巴出品,专为全球企业组织打造的智能移动办公平台,让沟通更高效;移动办公考勤、签到、审批、企业邮箱、免费企业OA、企业通讯录、钉钉教育解决方案,让工作学习更简单!

1. 注册登录钉钉。打开钉钉APP,点击右上角"新用户注册"。输入手机号码,点击"下一步"。输入短信验证码或语音获取。设置登录密码,用于手机和电脑钉钉登录(图6-5)。

2. 添加好友和建群。钉钉APP可以帮助企业员工通过添加好友和面对面建群快速建立联系,点击主页面右上角"+",通过扫一扫或者手机联系人快速添加好友(图6-6)。

图6-5　钉钉登录　　　　　图6-6　添加好友

3.邀请新人。成功加入企业后,你可以点击"通讯录"→"邀请",可以通过手机通讯录、短信等方式分享邀请链接。对方打开你的邀请链接选择加入企业后,下载钉钉即可使用(图6-7)。

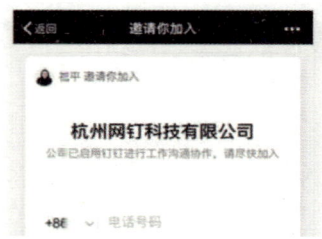

图6-7　加入企业

第二节　美食就在身边

一、美团——一起更好

美团是一个综合的满足人们需求的软件,吃喝玩乐尽在其中,也具有酒店住宿、电影票购买、火车票购买等很多方面的便利功能。

简简单单地把美团当成一个外卖软件是有些狭隘的。现在的出行有很多需要美团的地方,比如订酒店、买电影票等。简单来

第六章 工作、美食与购物

讲,这个软件就是满足我们的日常所需。美团可以更优惠地买到电影票,而且能指引我们云一些好的地方游玩。

到达某个城市不知道去哪儿玩是广大游客们的一大困惑,这时候美团就起了很大的作用。美团里面有一个服务项目就是休闲娱乐,这里面包括KTV、酒吧、密室、台球、桌游等娱乐项目,并且有准确的地理位置信息,可以更加方便地满足客户的要求。并且美团里还有许多优惠的团购项目,几个人共同买会比在实体店便宜很多钱。

1.首先,我们打开美团软件,然后点击下方"我的",进行登录,点击"登录"输入手机号和验证码即可(图6-8)。

2.回到首页,这个界面有很多选项,可以点击"火车票/机票"这个选项进行火车票、机票还有汽车票的购买(图6-9)。

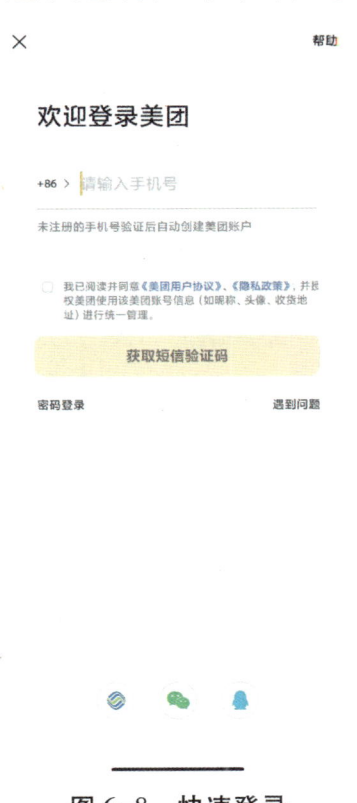

图6-8 快速登录

图6-9 车票的购买

老年智慧科技生活

3. 点击"美食"选项,会跳出来很多美食店家,选择你感兴趣的店家进入即可购买,一般在美团上购买的需要到店使用(图6-10)。

4. 点击"酒店住宿"选项,进入之后可以看到很多酒店,根据自己的需要选择感兴趣的酒店支付即可(图6-11)。

图6-10 美食选项

图6-11 酒店住宿

二、饿了么——让食物主动送上门

饿了么、美团的优点有:增强顾客的自主参与感,扩大市场,了解顾客。通过网络,餐饮企业可以很方便地进行顾客调研,了解顾客需求、欲望和消费心理,满足个性化需要。

"饿了么"是中国最大的餐饮O2O平台之一,公司于2009年

4月在上海创立。"饿了么"隶属于上海拉扎斯信息科技有限公司,"拉扎斯"来源于梵文"Rajax",寓意着"激情和能量"。公司始终将自己定位成一家创业型公司,充满激情,充满能量。公司秉承"极致""激情""创新"的信仰,致力于推进餐饮行业数字化的发展进程。

饿了么APP进行登录的操作流程:①下载安装此软件;②点击饿了么图标,打开此软件;③在饿了么主页面上点击"我的"按钮(图6-12)。④在我的页面上点击"立即登录"按钮(图6-13)。⑤届时你可以选择"手机号码登录",也可以选择微信、QQ以及淘宝等第三方登录。⑥根据需要选择自己喜欢的食物,以"美食外卖"

图6-12　饿了么主页

图6-13　登录选项

为例,点击进入后选择合适商店。店家根据食物不同进行分类,每种类型下提供多种选择,点进食物右边"+"确定购买的数量,选择结束点击下方的购物篮进行结算(图6-14)。

三、菜谱大全——自己动手,健康又美味

菜谱大全是一款菜谱学习软件,汇集了多种菜系的菜品内容,拥有详细的做法步骤,帮助用户轻松学习多道菜谱,食材分类详细。用户可以根据食材找寻食谱,也可以根据食材、菜品、菜系、口味等不同的标准进行分类和搜索,花样齐全。

1. 首先,点击"菜谱大全"APP打开软件(图6-15)。

图6-14 购买食物

图6-15 点击APP

进入到大厅后,点击功能区的"我的"(图6-16)。

接下来,在个人资料中,点击我们的个人头像(图6-17)。

图6-16　点击我的　　　　　　　图6-17　点击头像

然后,在个人信息界面中点击"微信"一栏中的"未绑定"按钮(图6-18)。

最后,跳转到微信界面中后,点击"同意"就可以了(图6-19)。

老年智慧科技生活

图6-13　绑定微信

图6-19　点击同意

第三节　享受购物的乐趣

一、淘宝——万千好物，淘不停

淘宝最大的优势应该就是杂货市场的优势，应有尽有，能满足个性+共性的需求。

淘宝是C2C模式，个人向个人，所以很多情况下自由度比较大，针对卖家和买家购物的体验是双向的，很多时候用户在淘宝购物并不是为了买，而是尝鲜。

1. 进入淘宝首页，在登录界面点击右下角的"免费注册"（图6-20）。

第六章　工作、美食与购物

然后就是协议,这个要同意的,不然不能进行下一步,也可以使用支付宝APP快捷登陆(图6-21)。

图6-20　注册淘宝

图6-21　同意协议

接着填写手机号,滑动验证,点击"下一步"(图6-22)。

还有手机验证,获取短信验证码,填写完点击"确定"(图6-23)。

接着设置登录密码,还有淘宝会员名(图6-24)。注意:会员名设置了就不能更改了,请谨慎。

设置支付方式,填写完成点击"同意协议并确定",然后就完成注册了(图6-25)。

图6-22　点击注册

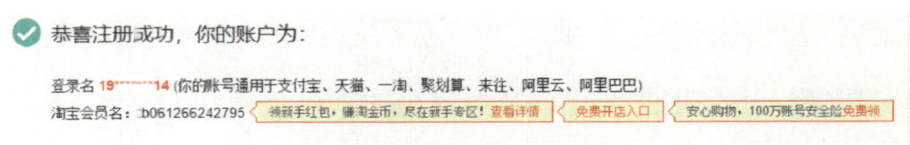

图 6-23　获取验证码

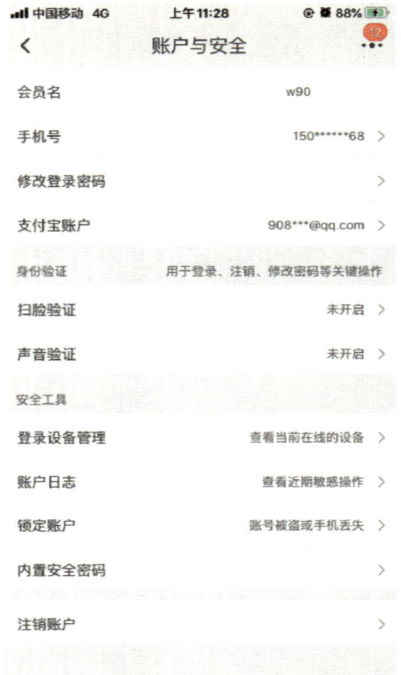

图 6-24　设置密码

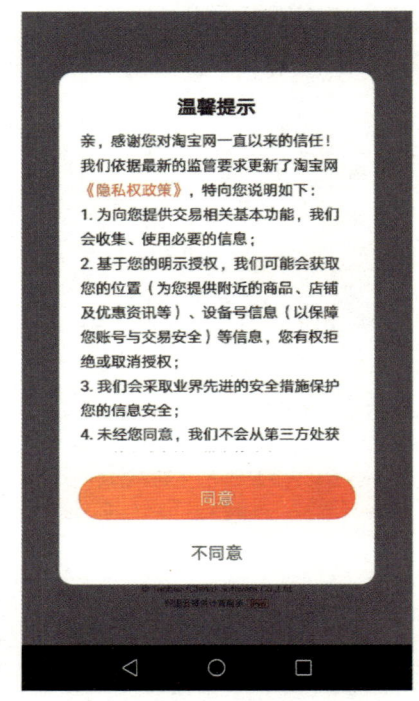

图 6-25　同意协议并确定

2. 进入淘宝后，在淘宝搜索界面搜索框中输入"搜索内容"即可搜索所需要的物品（图 6-26）。

进入到"商品界面"选择加入购物车或者立即购买，选择购买方式，颜色，尺码和数量（图 6-27）。

进入支付页面，选择收货地址，和支付方式。通过后期"订单跟踪"了解自己的快递运送状况（图 6-28）。

3. 商品交易时出现质量等其他问题可以通过跟商品店铺"客服"沟通解决所遇到的问题（图 6-29）。

第六章 工作、美食与购物

图 6-26 搜索界面

图 6-27 购物界面

图 6-28 订单跟踪

图 6-29 客服沟通

二、京东——多快好省，只为品质生活

1. 打开京东APP后，会提示让你注册/登录，点击"注册"（图6-30）。

选择手机号注册，然后输入自己的手机号，点击"下一步"，同意注册协议和隐私政策（图6-31）。

图6-30　点击注册

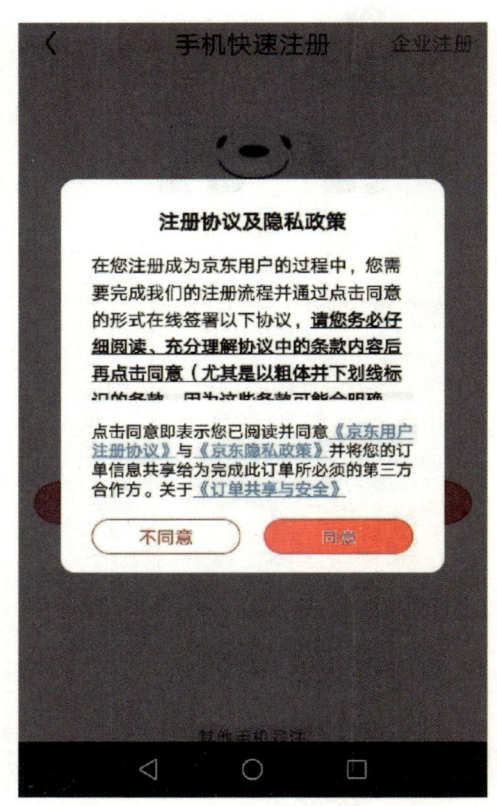
图6-31　同意注册协议

输入刚刚申请的手机号码，然后点击"获取验证码"，输入收到的验证码，就能登录了（图6-32）。

2. 进入京东后，在京东搜索界面搜索框中输入"搜索内容"即可搜索所需要的物品（图6-33）。

第六章 工作、美食与购物

图 6-32 快速注册

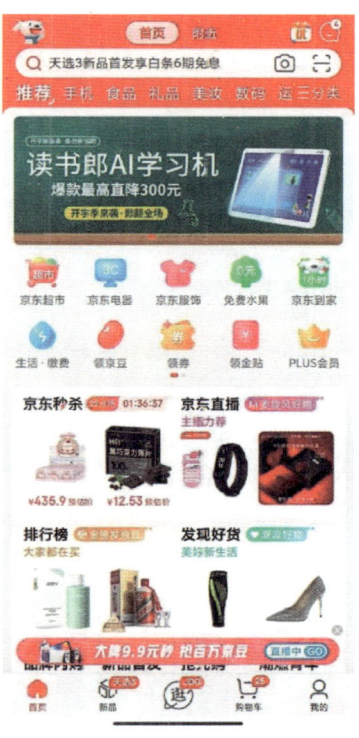

图 6-33 搜索界面

进入"商品界面"选择加入购物车或者立即购买,选择收货地址和支付方式(图 6-34)。

通过后期"订单跟踪"了解自己的快递运送状况,以及售后评价(图 6-35)。

3. 商品交易时出现质量等其他问题可以通过跟商品店铺"客服"沟通解决所遇到的问题(图 6-36)。

图 6-34 购物界面

老年智慧科技生活

图 6-35　订单跟踪

图 6-36　客服沟通

三、大麦网——去现场，为所爱

1. 大麦网现已成为中国娱乐体育票务领域的知名品牌,通过手机浏览器,打开百度搜索大麦网,进入官网(图 6-37)。

接着点击左上角的注册(图 6-38)。

填写号码,设置密码,提交注册(图 6-39)。

2. 进入大麦网后,在搜索界面搜索框中输入搜索内容即可搜索所需(图 6-40)。

进入购票页面后选择座位,联系方式并进行支付(图 6-41)。

3. 在"我的"界面中通过"我的订单"随时查询订单服务(图 6-42)。

第六章　工作、美食与购物

图 6-37　搜索大麦网

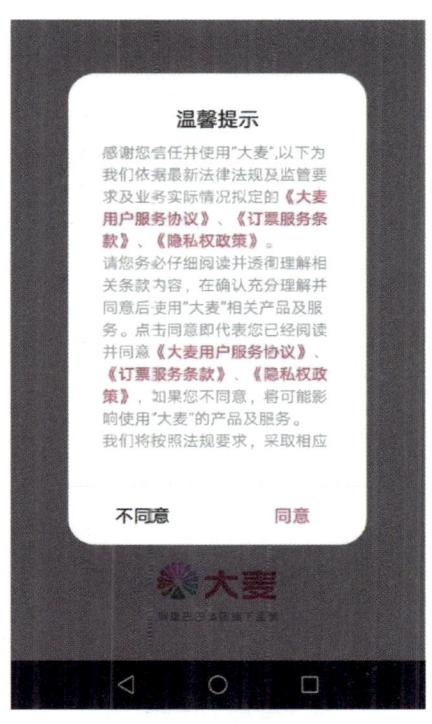

图 6-38　点击注册

图 6-39　提交注册

图 6-40　搜索界面

老年智慧科技生活

图 6-41　购票界面

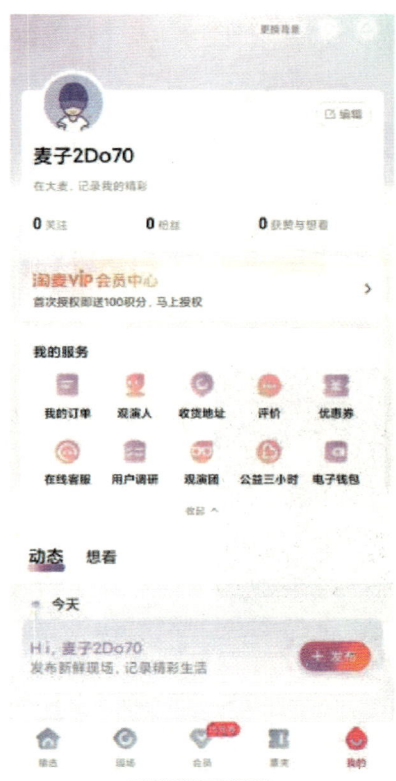

图 6-42　订单追踪

第七章　学习与教育

李爷爷:"老婆子,你买菜回来了。刚才二妞打电话说,她婆婆下楼不小心把脚给崴了,不过还好,没伤着骨头,就是行动不便。二妞要照顾她,咱们的亲外孙顾不过来,想让咱老两口去住一段日子,帮衬帮衬。"

王奶奶:"唉！都老了,腿脚不听使唤了。正好想外孙子了,那咱们明天就去吧。我去能做顿饭,你老头子能干啥,还能辅导外孙子功课？"

李爷爷:"老婆子,别看不起人。二妞说了,现在他们给孩子辅导功课都用智能手机,拍一拍就能检查作业。我已经给晓刚打过电话了,让他晚上放学来一趟,教教我怎么用。"

晚上……

李晓刚:"爷爷奶奶,现在国家提倡全民终身学习,要活到老学到老。不能只为辅导弟弟功课,你和奶奶平时也要学习,现在手机上能免费看国内外名校的公开课,还有专门适合老年人学习的各种课程,比如舞蹈、音乐、戏曲、书法、绘画、养生保健等。"

王奶奶:"那太好了,你奶奶我年轻时差点当舞蹈家,都被你爷爷给耽误了。我要重新练起来。"

李爷爷："怎么是我耽误了,跟我有啥关系。谁没遗憾呢,要不是年轻的时候英语不好,我还出国留学了呢。晓刚,手机上能学英语吗?"

李晓刚："爷爷,可以的,各种课程应有尽有。那我就给你们讲讲如何用智能手机来学习和辅导作业吧。"

第一节 活到老学到老

古人说,学无止境。社会在大踏步地前进,就需要人们不断学习。学习不仅是个人获取知识、技能、修养的行为,还可以在学习的互动过程中,结交新朋友,增进人际互动,避免离退休后带来的抑郁及孤独感,以丰富自己的晚年生活。老年人学习少了一份压力,多了一份轻松;少了一份烦恼,多了一份快乐。

一、网易公开课——国内外名校公开课免费学

网易公开课移动客户端,是网易为爱学习的网友打造的"随时随地上名校公开课"的免费课程平台。它以哈佛、耶鲁、牛津、剑桥、清华、北大等"全球名校视频公开课"为内容资源,结合稳重的界面设计和人性化的操作,实现您与名校真正零距离接触,无成本、无障碍地了解世界前沿的新知、新思。

(一)注册登录

1.在手机上的应用商店,搜索"网易公开课"进行下载安装,安装完成后,在手机主屏界面找到"网易公开课"图标,点击进入。

第七章 学习与教育

2. 点击"提升自己"按钮,弹出服务协议和隐私政策界面,点击"同意并继续",进入选择兴趣内容界面(图7-1)。

3. 在社科、生活、自然、工程、人文等分类中,选择自己感兴趣的内容,点击"下一步",进入生成学习计划界面(图7-2)。

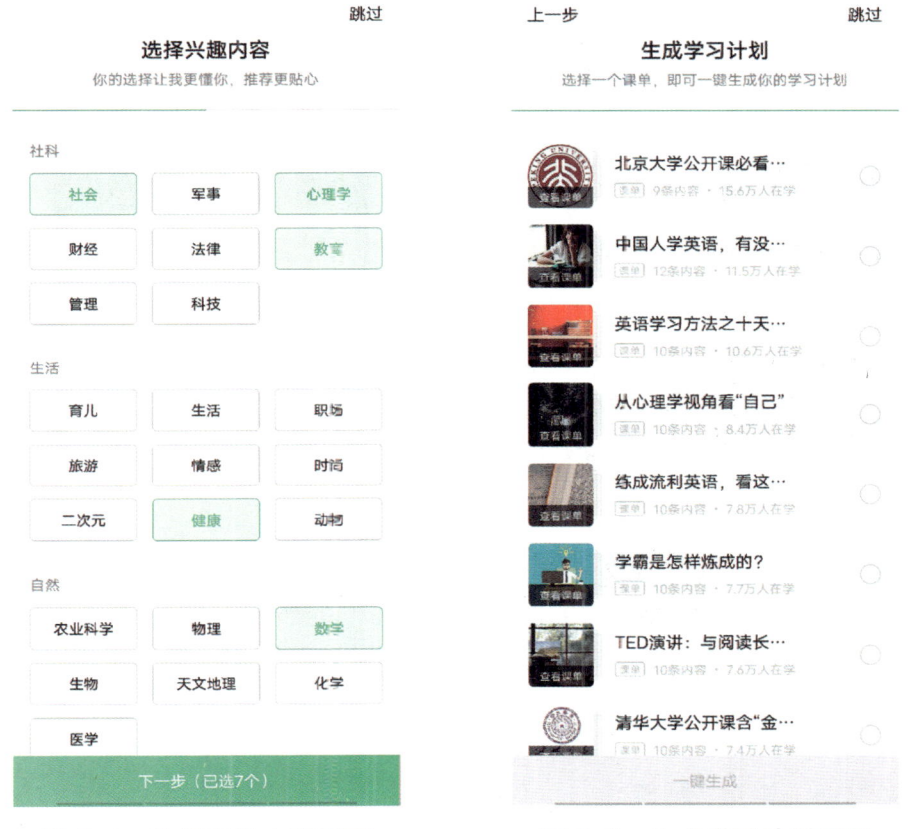

图7-1 选择兴趣内容界面　　图7-2 生成学习计划界面

4. 勾选根据选择的兴趣内容推荐的课程,点击"一键生成",即可一键生成个人的学习计划,进入网易公开课首页(图7-3)。

5. 在网易公开课首页中点击右上角"添加计划",进入一键登录界面(图7-4)。

6. 在一键登录界面中自动会获取到本机的手机号码,勾选页面下方用户协议和隐私政策,点击"一键登录"。也可以点击"切换号码"更换其他号码,跳转至注册页面,需要获取验证码完成注册并登录。用户还可以通过微信、邮箱、微博进行授权登录。

图 7-3　网易公开课首页

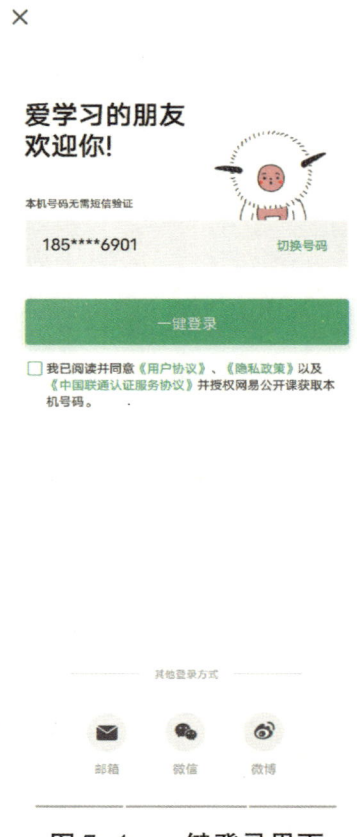

图 7-4　一键登录界面

(二) 课程学习

1. 首次登录成功后跳转至一万分钟计划界面(图 7-5),点击页面中间"添加课单"按钮,进入添加学习计划界面(图 7-6)。

2. 勾选推荐的课程,点击下方"保存计划",保存成功后自动返回一万分钟计划界面。

3. 点击计划进行中的课程列表里要学习的课程,进入课单详情界面(图 7-7)。

4. 点击某个课程,进入课程观看界面(图 7-8)。

第七章 学习与教育

图 7-5 一万分钟计划界面

图 7-6 添加学习计划界面

图 7-7 课单详情界面

图 7-8 课程观看界面

5. 在视频上点击,可以看到视频进度条、视频时长、倍速播放、全屏观看等内容。课程观看界面还可以对视频进行评论、分享、收藏、缓存等操作。

6. 视频观看完成后,点击页面左上角返回图标,返回至一万分钟计划界面。

7. 页面中显示已学习的时间已经更新。点击"详细记录",进入学习计划详细记录界面(图 7-9)。页面中显示累计学习时长和最近 7 天学习时长的走势图。

8. 在预计完成天数后面点击修改图标(铅笔图形),进入设置学习时间界面(图 7-10),设置每天学习时间并打开每日提醒,点击"完成设置"。

图 7-9　学习计划详细记录界面

图 7-10　设置学习时间界面

9. 返回至网易公开课首页,在上方搜索框里输入关键字可以查询相关资源,在查询结果的列表中点击感兴趣的资源,直接跳转至课程观看界面。直接观看或者加入学习计划。

10. 点击首页左上角列表图标,进入播放记录列表界面,查询观看过的播放记录。

11. 首页点击课程、演讲、英语、心理学或全部图标,可以通过分类查找相关音频、视频资源。

（三）播客

1. 网易公开课首页点击屏幕下方"播客",进入公开课 FM 界面(图 7-11)。

2. 可以选择自我提升、英语角、侃侃而谈、听演讲、脱口秀等 FM 模块,比如点击英语角,切换到英语口语 FM。

3. 点击右下角列表图标,展开当前模块 FM 列表界面(图 7-12),同时列表图标变成播放图标,选择想要收听的内容点击播放。

4. 点击右下角播放图标,返回到播客的播放界面,收听过程中,随时可以点击页面下方暂停按钮,同时暂停按钮切换成播放按钮。

5. 在播客的播放界面,页面下方点击下一个图标,可以直接切换到模块列表中的下一个内容播放。

6. 点击左下角倍速图标,展开播放倍速设置菜单,可以调节播放速度,并点击向下的箭头关闭菜单。

7. 点击下方"心"形图标,可以收藏当前播放内容至课单。

8. 点击公开课 FM 界面右上角分享图标,可以把当前播放内容分享给好友,支持微信、微博、QQ、公开课社区、复制链接等分享渠道。

图7-11 公开课FM界面
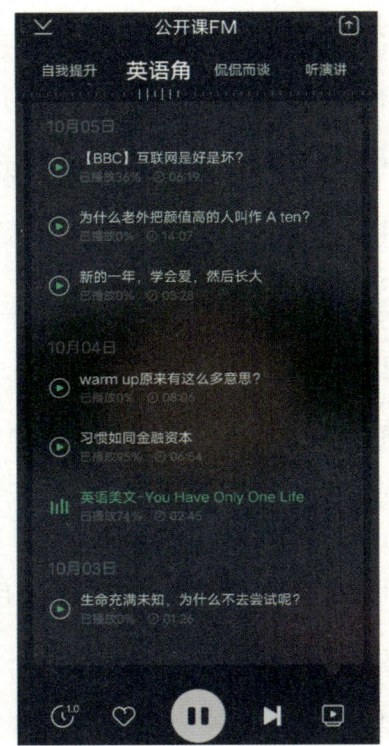
图7-12 FM列表界面

（四）社区

1.网易公开课首页点击屏幕下方"社区",进入社区欢迎界面（图7-13）。

2.点击"进来和小Q们见面",进入社区对话框设置界面（图7-14）。

3.选择一个形象点击"确定",写下自己的昵称然后"确认"。

4.提供社区小组种类供选择,最多可以选择三个,点击"开启社区大门",进入社区广场界面（图7-15）。下次点击网易公开课首页"社区",直接进入社区广场界面。

5.点击感兴趣的话题,进入话题查看界面（图7-16）。可以为话题点赞、评论、分享,也可以自己参与话题讨论。

第七章 学习与教育

图 7-13 社区欢迎界面

图 7-14 社区对话框设置界面

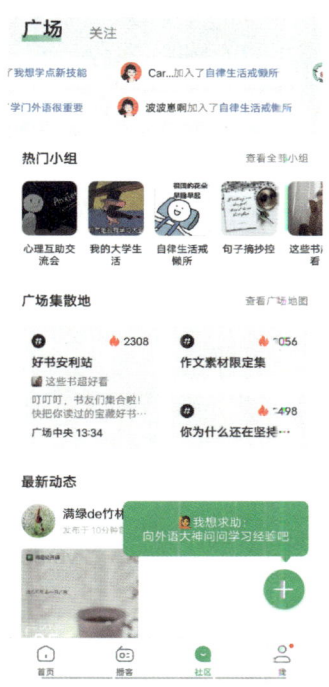

图 7-15 社区广场界面

图 7-16 话题查看界面

6. 点击某个感兴趣话题的用户头像,直接进入该用户的社区首页。可以关注或者私信该用户。

7. 返回社区广场界面,点击页面下方加号图标,发布话题。输入自己的想法,上传手机里的图片,选择要发布的小组,点击页面右上角"发布"按钮,完成话题发布。

8. 社区广场界面上方点击"关注",切换到已关注好友的动态页面。

(五) 个人设置

1. 网易公开课首页点击屏幕下方"我",进入个人设置界面(图7-17)。

2. 点击"我的学习报告",进入学习报告界面(图7-18)。

图 7-17　个人设置界面

图 7-18　学习报告界面

第七章 学习与教育

3.点击页面下方"分享我的学习报告",可以把学习报告以图片形式分享至微信朋友圈或者好友。

4.返回个人设置界面,点击页面右上角信封图标,进入我的消息界面,这里可以查看其他用户给自己发布话题的评论,收到的赞、私信和通知。

5.在个人设置界面中间位置是自己没有学习完成的课程,点击"继续学习",可以从上次退出的位置继续学习。

6.在个人设置界面功能区域点击"缓存"查看本地缓存的课程,点击课程可以直接播放。

7.在个人设置界面功能区域点击"收藏"查看自己收藏的课单和小视频,点击视频直接跳转至播放界面。

8.在个人设置界面功能区域点击"历史"查看自己的播放记录列表,点击播放记录可以继续播放内容。

9.在个人设置界面功能区域点击"关注"查看自己关注的订阅号和用户,点击直接可以跳转至订阅号和关注的用户的动态页面。

二、学习通——知识传播与管理

学习通是基于微服务架构打造的课程学习,知识传播与管理分享平台。它利用超星多年来积累的海量的图书、期刊、报纸、视频、原创等资源,集知识管理、课程学习、专题创作,办公应用为一体,为读者提供一站式学习与工作环境。

(一)注册登录

1.在手机上的应用商店,搜索"学习通"进行下载安装,安装完成后,在手机主屏界面找到"学习通"图标,点击进入。

2. 弹出隐私政策,点击"同意",进入学习通登录界面。

3. 点击"新用户注册",进入注册界面,应用程序自动获取手机号码。

4. 点击"一键注册",设置登录密码后,点击"下一步"。

5. 提示输入单位,可以直接跳过。

6. 输入姓名或者昵称,点击"确定",注册成功,进入学习通首页(图7-19)。下次打开应用程序直接进入首页。

7. 点击页面顶部首页右侧下拉箭头,提示选择学段。

8. 点击"选择学段",弹出学段列表,包含:研究生、大学、高中、初中、小学、教师、其他等。

图7-19 学习通首页

9. 选择其他中的"继续教育",点击右上角"确定",返回首页。下次打开应用程序直接跳转至首页。

(二)课程学习

1. 点击首页常用里"应用市场",进入应用市场界面(图7-20)。

2. 点击推荐列表中的"课程广场",进入课程广场界面(图7-21)。

3. 在课程广场界面中推荐课程列表中,向上滑动查找自己感兴趣的课程。也可以根据课程分类查找相关课程。

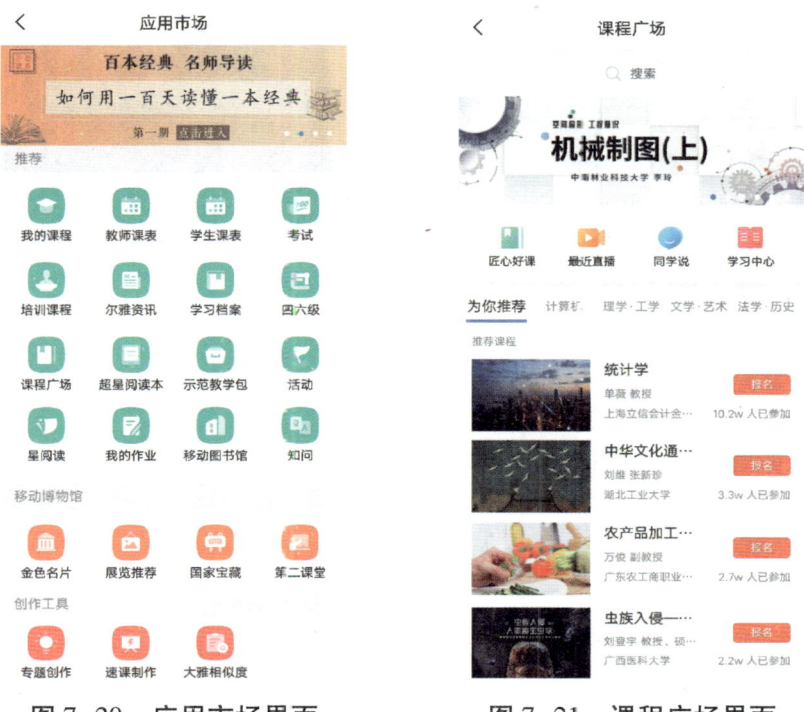

图 7-20　应用市场界面　　图 7-21　课程广场界面

4.在课程广场上方搜索对话框中输入关键字进行搜索,显示搜索结果界面(图 7-22)。

5.点击要学习的课程,进入课程详情界面(图 7-23)。这里可以查看课程详情、课程目录、同学说(学习这门课程的同学发布的内容)。

6.点击页面下方"立即报名",报名成功后自动跳转课程学习界面(图 7-24)。

7.在课程学习界面任务列表点击"讨论",可以查看老师和同学们发表的话题,也可以自己参与话题讨论。

8.在课程学习界面任务列表点击"作业/考试",显示本课程老师布置的作业和考试。

9.在课程学习界面点击"章节",进入课程章节列表界面(图 7-25),显示章节目录和完成任务点信息。

老年智慧科技生活

图 7-22　搜索结果界面

图 7-23　课程详情界面

图 7-24　课程学习界面

图 7-25　课程章节列表界面

10. 在课程章节列表点击要学习的章节,跳转至章节学习界面(图7-26)。

11. 在章节学习界面,点击视频上播放按钮,播放该章节的任务点视频。学习中可以随时点击页面中"写笔记",留下课堂笔记。

12. 返回课程学习界面,点击页面中"更多",打开更多功能列表(图7-27)。其中:资料里是该课程相关资源文件;班级成员里是该课程教师和同学名单;班级群聊可以和老师、同学们进行交流;错题集是作业和考试中出现的错题;学习记录是该课程学习行为统计,包括完成章节任务点数、完成章节测验数、章节学习次数、完成作业和考试次数、发表的讨论数和回复数;等等。

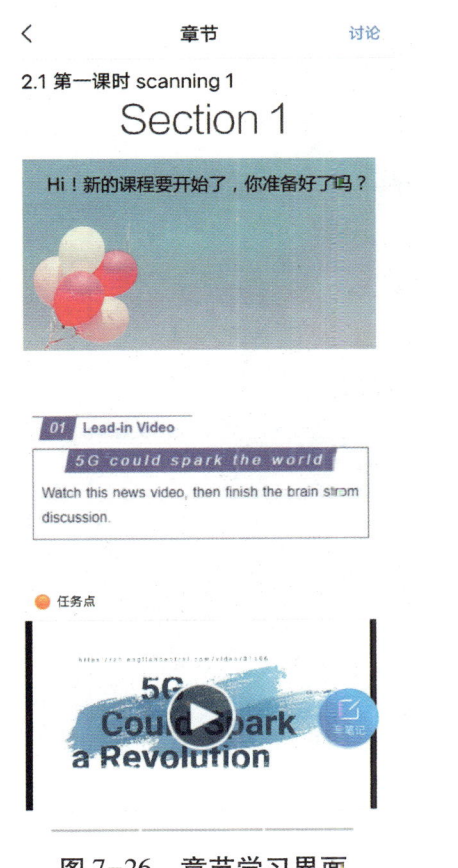

图 7-26　章节学习界面

图 7-27　课程学习更多功能界面

(三)移动博物馆

1. 在学习通首页点击"应用市场",进入应用市场界面。

2. 点击移动博物馆功能区"金色名片",进入金色名片界面(图7-28)。

3. 页面中左右滑动可以切换博物馆,点击上方搜索图标,进入金色名片搜索界面(图7-29)。

4. 在搜索框里输入要查询的博物馆或者点击页面右侧字母快速跳转至博物馆。

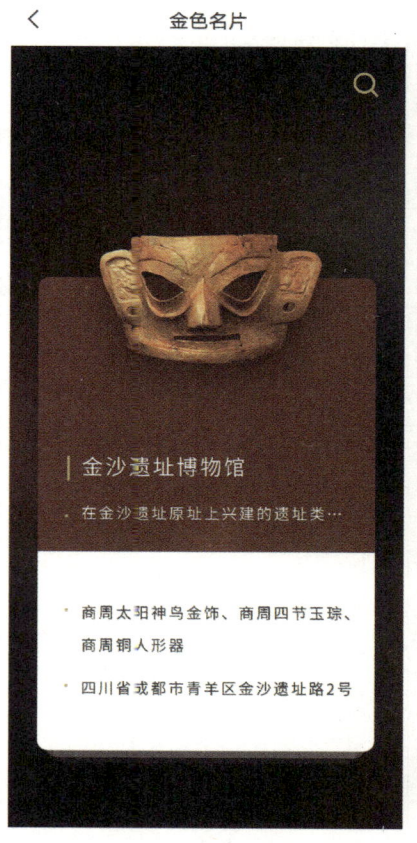

图7-28 金色名片界面

图7-29 金色名片搜索界面

5. 点击查询到的博物馆名称,跳转至该博物馆页面。

第七章　学习与教育

6. 博物馆页面可以查看博物馆概况、动态咨询、展览陈列、馆藏精品、珍贵资料、学术研究等内容。

7. 返回应用市场,点击移动博物馆功能区"展览推荐",进入展览推荐界面(图7-30)。

8. 点击展览推荐的某个文物或者历史文化,进入展览列表界面(图7-31)。

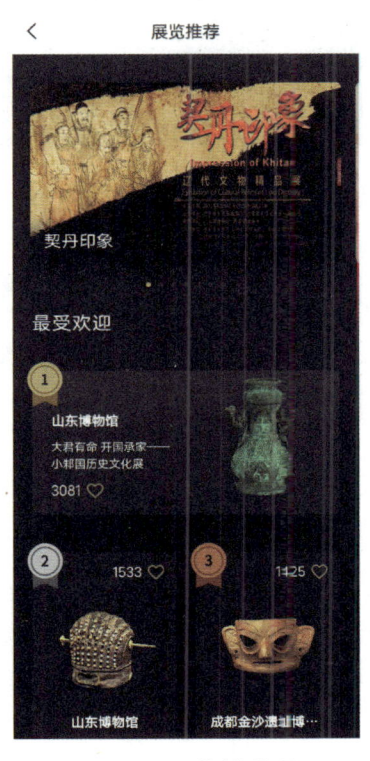

图7-30　展览推荐界面

图7-31　展览列表界面

9. 点击列表某个知识点,打开该知识点的详细介绍。

10. 返回应用市场,点击移动博物馆功能区"国家宝藏",进入国家宝藏界面(图7-32)。

11. 页面下方左右滑动国家文物,页面中间文物对应切换。点击页面中间的文物,进入该文物的介绍界面。点击介绍界面列表中某个知识点,打开该知识点的详细介绍。

12. 返回应用市场,点击移动博物馆功能区"第二课堂",进入名师讲坛界面(图7-33)。

13. 页面中有国内文物专家、教授的讲座信息,点击即可观看讲座视频。

图7-32　国家宝藏界面　　　图7-33　名师讲坛界面

(四)电子书

1. 在学习通首页,向上滑动页面至推荐的书籍列表,点击想要看的书籍,进入电子书目录界面(图7-34)。

2. 目录点击某个章节,进入电子书章节界面(图7-35),即可阅读电子书。在阅读中可以随时记录笔记、发表评论、点赞和分享。

第七章 学习与教育

图 7-34 电子书目录界面　　图 7-35 电子书章节界面

3. 点击电子书章节界面右上角菜单图标,弹出阅读设置、举报、收藏列表。

4. 点击阅读设置,可以对电子书的字号、背景颜色等进行修改。

(五)其他功能

1. 在学习通首页"最近使用"区域显示的是最近浏览的内容,如果经常使用,可以点击列表右侧的"+常用"按钮。该内容添加至"常用"区域。

2. 点击常用区域下方"编辑常用"按钮,进入编辑常用界面(图7-36)。

3. 列表中选择不常用的内容,点击前面的减号进行移除。

4. 上下拖拉列表右侧图标可以调整列表内容的顺序。

5. 返回学习通首页，点击页面顶端"关注"，显示关注人的笔记。如果尚未有关注对象，系统推荐部分笔记。

6. 点击笔记作者头像，跳转至该作者笔记页面。可以查看作者笔记，发表评论、点赞或者转发，还可以关注该作者。

7. 返回学习通首页，点击页面顶端"活动"，显示活动界面（图7-37）。

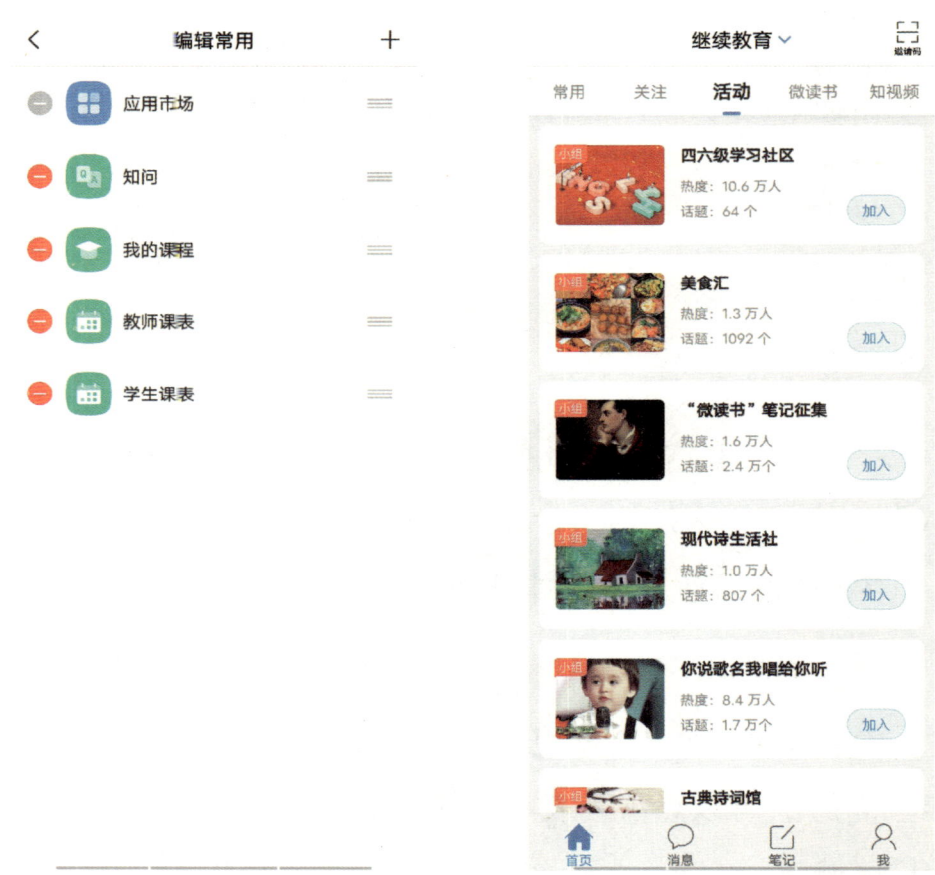

图 7-36　编辑常用界面　　　　图 7-37　活动界面

8. 点击感兴趣的活动，进入该活动话题界面。可以发布话题，或者给他人的话题进行评论、点赞、转发。

9. 返回活动界面,点击感兴趣的活动右侧"加入"按钮,即成功加入该活动,以后将会收到该活动的提醒。

10. 点击页面顶端"微读书",可以查看他人的读书心得或读书笔记。

11. 点击页面顶端"知视频",可以观看生活知识的短视频。

12. 点击页面底端"消息",可以给站内好友发送信息,查看站内的收件信息。

13. 点击页面底端"笔记",学习中记录的笔记会显示在此。

14. 点击页面底端"我",进入学习通个人设置界面。课程里可以查看自己报名学习的课程;小组里可以查看自己加入的活动;笔记本里可以查看自己公开的笔记、个人笔记、学习笔记和课堂笔记。

三、网上老年大学——随时随地,想学就学

网上老年大学是中国老年大学协会战略合作伙伴,全国老年大学官方线上学习APP,为全国中老年朋友提供知识、资讯、娱乐等优质服务。平台涵盖了乐器弹奏、语言表达、生活艺术、形象管理、健康养生、国学文化、美术书法、手机电脑、舞蹈形体、体育健身等专业线上课程及精品公益课,在这里,每个有意愿提升自己的人都可以获得优质的教学资源,帮助中老年朋友更好地适应数字化生活,丰富退休生活,让每一个人老人都能享有公平而有质量的教育,实现老有所学、老有所乐、老有所为。

(一)注册登录

1. 在手机上的应用商店,搜索"网上老年大学"进行下载安装,安

装完成后,在手机主屏界面找到"网上老年大学"图标,点击进入。

2. 跳转至欢迎使用网上老年大学界面,查看用户协议和隐私政策,点击"同意并进入",进入网上老年大学登录界面。

3. 勾选已阅读用户协议和隐私政策,点击"手机号登录"。此处也可以授权微信登录。

4. 输入手机号码,获取验证码,输入验证码后点击"登录",自动完成注册并登录,进入感兴趣内容界面(图 7-38)。

5. 选择感兴趣内容,点击下方"确定"按钮,进入网上老年大学首页(图 7-39)。

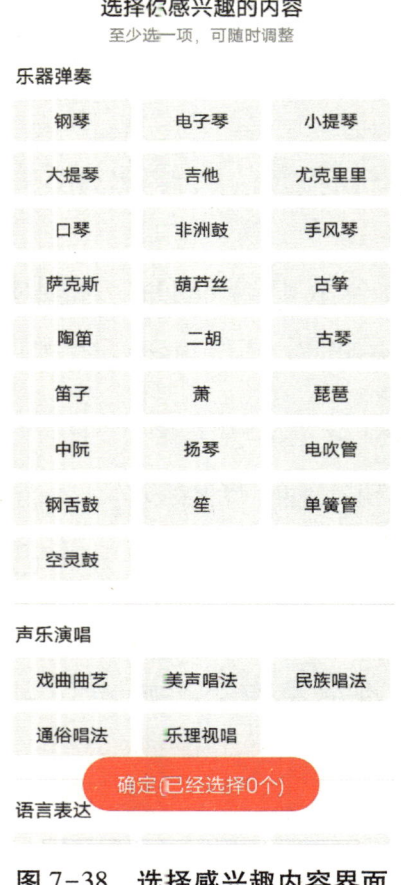

图 7-38　选择感兴趣内容界面

图 7-39　网上老年大学首页

（二）课程学习

1. 网上老年大学首页，点击"全部课程"，进入课程分类列表界面（图7-40）。课程分类列表界面默认是"好课推荐"列表，上下滑动课程分类列表找到自己感兴趣的课程；也可以左侧分类，按分类进行查找课程；还可以通过页面顶部搜索对话框，输入关键字搜索自己需要的课程。

2. 根据课程左侧课程分类，点击选择某个类别，进入课程列表界面（图7-41）。

图7-40　课程分类列表界面　　　图7-41　课程列表界面

3. 点击想要学习的课程，建议选择标记"免费"的课程，进入课程播放界面（图7-42）。标记"精品"的课程需要收费，有意愿的用户可以通过提示微信支付后才能观看。

4. 在课程播放界面,可以查看课程简介、切换课程章节内容、查看课程作业、进入班级群、收藏课程、分享课程给好友。

5. 试看课程,如果感觉课程不错,点击右下角"立即报名",这门课程就加入自己的学习计划中。随时可以在课程播放界面中间位置看到自己学习完成比例。

6. 返回应用程序首页,点击页面中间位置的"直播"标签。页面出现正在直播的课程,点击进入课程的直播学习,可以面对面地跟老师进行学习和发言提问。

图 7-42　课程播放界面

7. 返回应用程序首页,点击页面中间位置的"推荐"标签,页面出现平台给用户推荐的短视频。点击即可观看短视频,可以为视频评论、点赞、分享。

8. 返回应用程序首页,点击页面中间位置的"活动"标签。页面出现各种活动列表,点击活动即可参加该活动。

9. 返回应用程序首页,点击页面底端"上课",进入上课界面(图 7-43)。

10. 点击"免费课"标签,可以进入课程继续学习。

11. 在上课界面点击"课堂作业",进入课堂作业界面(图 7-44)。

第七章　学习与教育

图 7-43　上课界面

图 7-44　课堂作业界面

12. 找到要交的作业名称,点击"提交作业",进入作业详情界面。可以看到授课时间、作业点评截止时间、作业要求,也可以看到同学们已交的作业和老师点评结果。

13. 点击"提交作业",进入提交作业界面。

14. 输入文字作业或者上传声音、视频、图片等作业文件,完成作业提交。

15. 在上课界面点击"结课证书",进入结课证书界面。这里有已经完成学习课程的结课证书。

16. 在上课界面点击"学习历史",进入学习历史界面(图 7-45)。页面显示自己学习过的课程列表,点击课程可以继续学习或者重新学习。

老年智慧科技生活

17. 在上课界面点击"学习报告",进入学习周报界面(图 7-46)。页面把上周学习情况进行汇总生成报告。包括上周学习天数,超过学员比例,已完成学习的课程和提交作业的情况。

图 7-45 学习历史界面

图 7-46 学习周报界面

(三) 老年大学

1. 网上老年大学首页,点击"老年大学",进入老年大学界面(图 7-47)。

2. 老年大学界面默认打开的是学校直播课程列表,用户可以点击进入进行预约上课,也可以点开页面中"回播",回放该学校以前的直播课程。

3. 返回老年大学界面,点击"热门学校"标签,查看全国各地的老年大学。

4. 点击某个老年大学,进入该老年大学的学校详情界面(图7-48)。

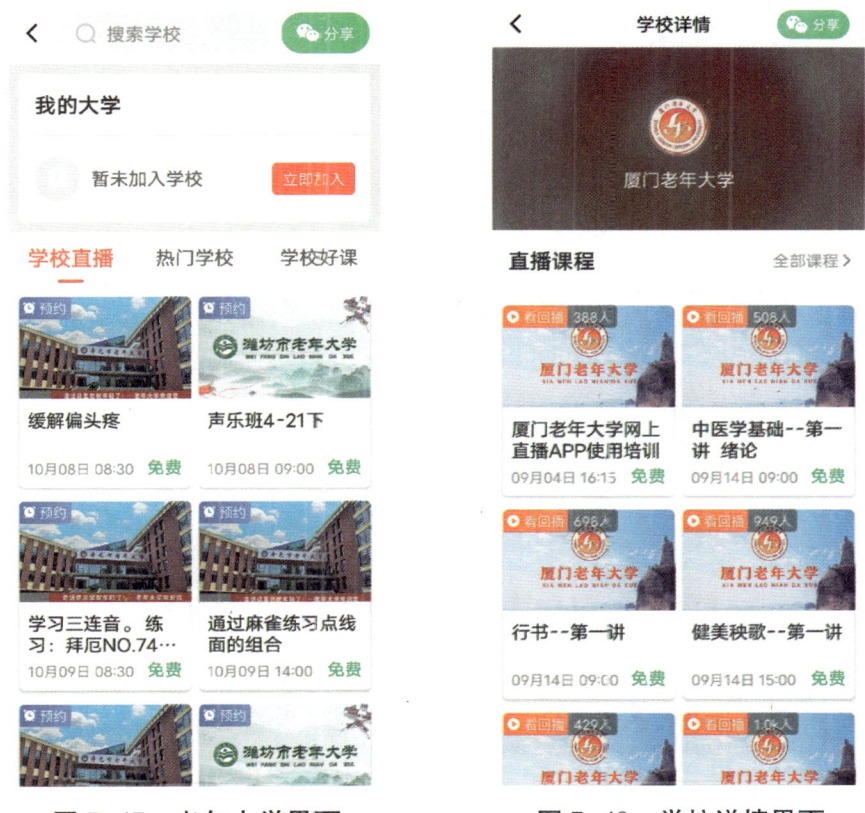

图 7-47　老年大学界面　　　　图 7-48　学校详情界面

5. 学校详情界面中有直播课程列表,点击可以直接看直播课程或者看回播。直播课下方点击"本周课表"可以查看该学校本周课程安排。页面底部还有该学校的在线课程和名师推荐。

6. 返回老年大学界面,点击"学校好课"标签,可以观看平台推荐的老年大学的优秀课程。

7. 返回老年大学界面,点击"我的大学"区域"立即加入",进入个人资料修改。用户可以选择自己所住地的老年大学,完善个人资料保存。自动返回老年大学界面。

8. 点击"我的大学"区域"点击查看",进入我的老年大学的学校详情界面,可以观看自己老年大学的直播课和在线课程。

(四) 其他服务

1. 网上老年大学首页,点击"更多服务",进入更多服务界面。

2. 如果用户付费开通学习卡,点击"VIP 专区"可以购买课程或者观看 VIP 专属的课程。

3. 返回更多服务界面,点击"名师榜",进入名师推荐界面(图7-49)。这里可以关注名师,观看名师讲授的课程和作品。

4. 返回更多服务界面,点击"音频课",进入音频课程界面(图7-50)。这里可以听到单田芳、袁阔成、田连元的评书,还有邓丽君的歌曲。

图 7-49 名师推荐界面

图 7-50 音频课程界面

第七章　学习与教育

5. 返回更多服务界面,点击"校友商店",可以在线商城进行网购。

6. 返回更多服务界面,点击"网大游学",可以报名游学项目,同老友们畅游全国各地,旅游同时学习当地文化。

(五) 聊天

1. 网上老年大学首页,点击页面底部"聊天",进入聊天界面(图7-51)。

2. 点击页面中间"立即加群"或者右上角"班群"菜单里"加入班群",进入加班群页面(图7-52)。

图 7-51　聊天界面　　　　图 7-52　加班群界面

3. 在班群列表中有官方（官方创建）、游学（游学活动）、教辅（教学辅导）、弹唱（乐器弹奏和唱歌交流）的班群，列表查找班群或者上方搜索框输入关键字搜索到班群，点击要加入的班群或者点击右侧"加入群"按钮，进入群信息界面。

4. 在群信息界面可以看到群简介和管理员列表，点击下方"加入群聊"，即加入班群并开始群聊。

5. 返回聊天界面，点击页面右上角"班群"菜单里"创建班群"，进入编辑群资料界面。

6. 输入群名称和群简介，添加群头像，点击页面"立即创建"，完成创建班群。

7. 进入自己创建的班群后，可以邀请平台里的好友和分享群聊到微信好友、朋友圈。

8. 返回聊天界面，点击页面顶部"附近同学"，弹出附近的同学群，可以加入群，和同学们一起交流学习。

9. 返回聊天界面，点击页面顶部"加好友"，进入发现好友界面。

10. 在平台推荐的可能想认识的人列表里，可以查看他人简介，关注想认识的人或者直接问好并开始聊天。

11. 相互关注的人即成为自己的好友，可以在"我的好友"标签找到。

12. 返回聊天界面，加入的班群和好友出现在页面中，点击快速进入班群或者好友聊天界面。

（六）同学圈

1. 网上老年大学首页，点击页面底部"同学圈"，进入同学圈界面（图7-53）。

2. 默认打开的是同学圈推荐界面,这里可以看到全国各地老年大学发布的内容,点击其个感兴趣的内容,进入同学圈内容界面(图 7-54),可以点赞、发表评论和分享。同学圈内容可以是文字、照片和短视频。

图 7-53　同学圈界面　　　　图 7-54　同学圈内容界面

3. 返回同学圈界面,点击页面"发表",可以发布内容到同学圈。

4. 在同学圈界面点击"关注"标签,关注的老师和好友发布的同学圈内容均可在此看到,可以点赞、发表评论和分享。

5. 在同学圈界面点击"作业"标签,可以看到同学们的优秀作业,可以点赞、发表评论和分享。

老年智慧科技生活

（七）个人设置

1. 网上老年大学首页，点击页面右下角"我的"，进入个人设置界面（图7-55）。

2. 点击右上角"个人主页"，进入个人主页，可以修改自己个人资料、个人简介、兴趣爱好等信息，也可以看到自己提交的作业、发布的作品和发表的话题。

3. 返回个人设置界面，点击"我的消息"，可以查询收到的回复和通知、获得的点赞、被关注的人。

4. 返回个人设置界面，点击"邀请好友"，生成邀请函发送给微信好友和分享至微信朋友圈。

图7-55　个人设置界面

5. 返回个人设置界面，点击"学分兑换"，每天在此页面完成签到或日常任务获取学分，学分可以兑换礼物或者课程。

6. 返回个人设置界面，在"我的账户"区域点击"我的订单"，可以查询购买的课程订单、商品订单和游学订单信息。

7. 返回个人设置界面，在"我的账户"区域点击"我的账户"，可以查询我的钱包（学币余额和送礼记录）、直播签到记录和红包记录。

8. 返回个人设置界面，在"我的账户"区域点击"优惠中心"，可以查询平台可用的优惠券。

9. 返回个人设置界面,在"我的服务"区域有"我的收藏""联系客服""校友商店""网大游学"等服务,方便用户快速找到自己需要的服务。

第二节　辅导孙辈好帮手

减轻年轻父母的养育负担,从孙辈的成长中获得生命力,做孙辈的好榜样。

一、纸条——看就能用的作文素材

纸条是一款以作文素材积累与学习为切入口的手机应用。包罗了海量作文素材、范文、模板,作文提分利器。

(一) 注册登录

1. 在手机上的应用商店,搜索"纸条"进行下载安装,安装完成后,在手机主屏界面找到"纸条"图标,首次打开应用程序,进入纸条欢迎界面(图7-56)。

2. 认真阅读用户服务条款、隐私协议等信息后,点击下方"同意"按钮,进入纸条授权读写设备权限界面(图7-57)。

3. 点击"仅在使用中允许"按钮,进入登录界面。输入手机号码,获取手机验证码后,进入纸条首页(图7-58)。

(二) 作文素材

1. 在纸条首页点击左上角搜索图标,可以进入搜索作文素材界面(图7-59)。

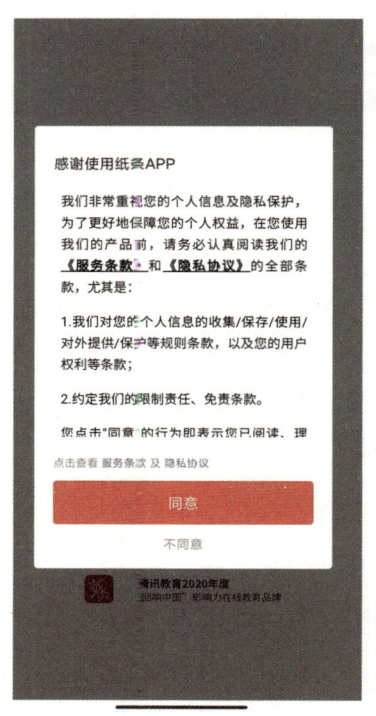

图 7-56　纸条欢迎界面

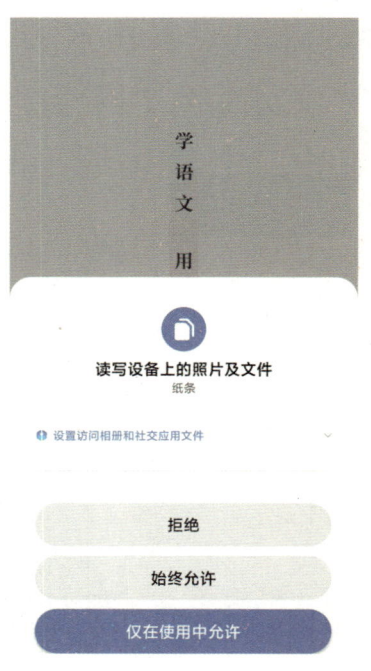

图 7-57　纸条授权读写设备权限界面

图 7-58　纸条首页

图 7-59　搜索作文素材界面

2. 在搜索文本框里输入要查询的关键字,然后点击文本框右侧"搜索",即可根据关键字查询出相关的结果。点击查询结果列表中某个作文标题,即可查看作文的详细内容。

3. 在搜索作文素材界面中搜索文本框下方,应用程序提供了一些热搜词,直接点击某个热搜词,即可根据热搜词进行搜索相关作文内容。

4. 在纸条首页中间位置,点击"分类素材"图标,进入作文素材界面(图 7-60)。

5. 在作文素材界面点击"经典短句",进入经典短句素材界面(图 7-61)。这里可以通过个性、出处、地域年代进行分类搜索到经典的短句素材。

图 7-60　作文素材界面

图 7-61　经典短句素材界面

6. 在作文素材界面点击"时事",进入时事素材界面(图7-62)。这里可以看到解读海内外时事热点素材,还有丰富的议论文论据。

7. 在人物素材中,可以看到解读各领域优秀人物的素材,还有丰富的议论文论据;在名著影视素材中,可以看到解读文学、影视经典的素材;在技法学习中,可以学习到从语文基础到作文的技法知识。

8. 在纸条首页中间位置,点击"题库范文"图标,进入题库范文界面(图7-63)。这里有定期押题的实操练笔的优秀作品和汇集各省名校真题解析。

图7-62　时事素材界面

图7-63　题库范文界面

第七章 学习与教育

二、知乎——有问题就有答案

知乎,中文互联网高质量的问答社区和创作者聚集的原创内容平台。知乎以问答业务为基础,经过长期发展,已经承载为综合性内容平台。

(一) 注册登录

1. 在手机上的应用商店,搜索"知乎"进行下载安装,安装完成后,在手机主屏界面找到"知乎"图标,首次打开应用程序,进入知乎欢迎界面(图7-64)。

2. 认真阅读个人信息保护指引、知乎协议等信息后,点击下方"同意并继续"按钮,进入知乎授权读写设备权限界面(图7-65)。

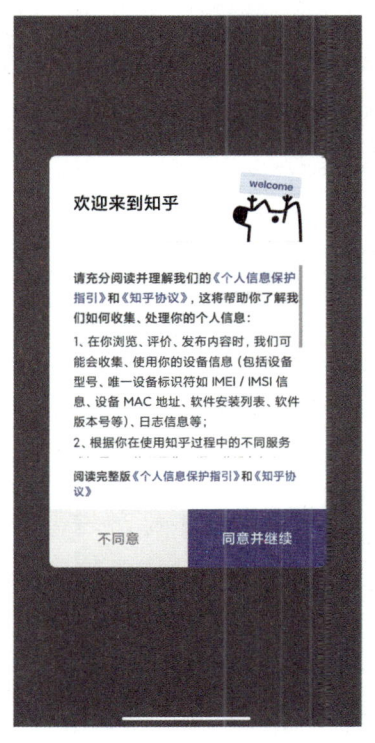
图 7-64 知乎欢迎界面

图 7-65 知乎授权读写设备权限界面

3. 点击"仅在使用中允许"按钮,点击手机号登录,进入知乎登录界面(图7-66)。

4. 输入手机号码,获取手机验证码后,进入知乎首页(图7-67)。

图7-66　知乎登录界面　　　　图7-67　知乎首页

(二)有问有答

1. 在知乎首页顶部搜索文本框输入要查询的关键字,然后点击输入法中的"搜索"按钮,即可根据关键字查询出相关的结果。点击查询结果列表中某个标题,即可查看相关问题的解答。

2. 在知乎首页默认看到的是应用程序推荐的一些问答内容,还有热榜、圈子、科学、知识、心理等问答。

3. 在知乎首页右上角点击""图标,弹出发布问题窗口(图7-68)。点击"回答问题",应用程序推荐给用户一些最近提问的话题,点击页面中的"写回答",进入回答问题页面;点击"提个问题",可以发布自己的问题,让其他用户为你解惑答疑。这里还可以发布视频、文章和自己的一些想法。

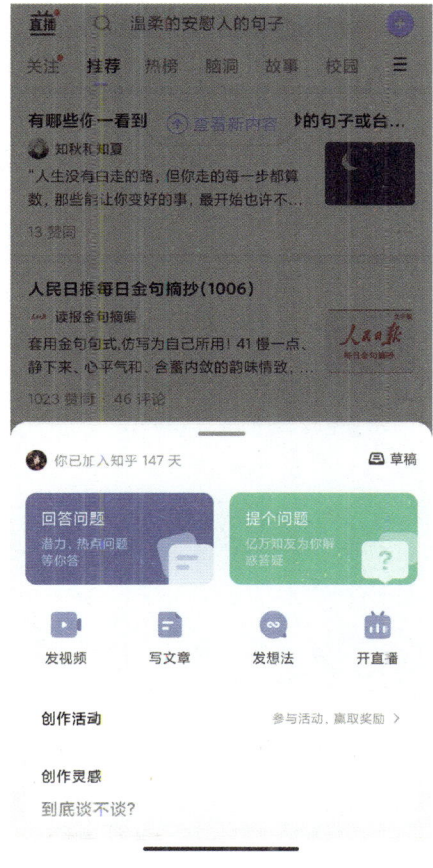

图 7-68　发布问题窗口